# フルスタックJavaScriptと Python機械学習ライブラリで実践する ソーシャルビッグデータ

— 基本概念・技術から収集・分析・可視化まで —

石川　博　編著

横山　昌平
廣田　雅春　共著

コロナ社

# まえがき

　ソーシャルメディア由来のソーシャルデータと実世界由来の実世界データは最近注目されるビッグデータの重要な構成要素である。さらに公共的な性格を持ったオープンデータも信頼性のあるデータとして注目される。こうしたデータを本書ではソーシャルビッグデータと総称する。

　ソーシャルデータの典型は Twitter や Flickr への投稿記事や写真である。実世界データには自動車のプローブデータや JAXA の打ち上げた「はやぶさ」のデータが含まれる。また OSM 地図や Wikipedia を使いやすくした DBpedia もオープンデータの一種である。

　ソーシャルビッグデータを有機的に分析できれば，新たな価値が発見できて，観光や防災，科学まで多様な分野に応用が可能となる。特にソーシャルビッグデータを時間的，空間的，意味的に分析することにより，大衆の行動を集合的に予測することができるようになる。これを本書では「イシカワ・コンセプト」と呼ぶ。イシカワ・コンセプトを実践することで，例えば訪日外国人が国内において期待以上に満足する場所はどこか，複数の楽しみが同時に体験できる観光地はどこか，観光地の目玉になる桜のような花々はその観光地でいまが旬か，災害時に現在地から避難所までの安全な経路はどこかなどがわかる。

　一方，データ分析，データサイエンスで重要となる仮説そのものについては，以下のように二つの異なる見方ができる。

① 宣言としての仮説：伝統的なデータ分析における仮説に相当する。この種の仮説に対する主要なタスクは，仮説の検証である。
② 手続きとしての仮説：手順を実行し，その結果として仮説を生成する。もちろんこの場合でも生成された仮説の検証は必要である。

　最近は行政やビジネス，科学のような分野では限られた予算や資源を有効に利用して意思決定を行うこと（evidence-based policy making：EBPM）ができるように，定性的で一般的な仮説でなく，定量的で具体的な仮説生成とそのための手順が求められている。

　またソーシャルビッグデータの応用分野を観察すると，大量のデータ管理とそれに対するデータマイニングからなる。データ管理とデータマイニング，機械学習，人工知能は，それぞれ別々に発展してきたデジタルエコシステム（以下単にエコシステムという）である。一般にエコシステムは，製品やサービスを媒介にして複数のベンダと利用者からなる相互に依存した生態系である。つまりソーシャルビッグデータ応用の多くは，異なるエコシステムからなるハイブリッドな応用であるといえる。

さらに計算機科学あるいは情報科学も広い意味では科学であり，その手順に関して再現性のある説明が，計算機科学の応用であるソーシャルビッグデータ応用の信頼性にとっても不可欠である。

要するにソーシャルビッグデータ応用において，複数のエコシステムを利用して，再現性のある仮説生成手順の記述には，データモデルとして統一的なデータ構造とそれらに対するデータ操作を定義する必要がある。これをデータモデルアプローチという。

本書ではソーシャルビッグデータの収集，分析，可視化の基本（概念，技術）と実践（アルゴリズム，プログラム）をバランスよく学ぶことを目指す。前著『ソーシャル・ビッグデータサイエンス入門』は本書の入門編にあたり，まずは概念を理解してもらうためにあえて実践的なコードは示さなかった。そこで本書では分析に必要となる基本概念，基本技術の説明に加えてソーシャルビッグデータの典型的な応用の実装にすぐに使えるコード（JavaScriptやPythonプログラム）を掲載し，実務家（卒論，修論などを執筆する学生，企業の技術者，研究者）にすぐに役立つ内容の提供を目指す。

まず1章ではデータ管理とデータマイニングを含む複数の事例を通して，仮説を作り出すための手順を具体的に与えている。そのためにデータモデルアプローチを導入し，手順を特定のプログラム言語とは独立な形式で記述している。また一歩踏み込んでソーシャルビッグデータ応用でよく使われる仮説生成のための方法論についても触れている。

2章ではソーシャルビッグデータ応用で必要とされるデータマイニング，機械学習の基本概念とそこでよく使われる手法，実現アルゴリズムについて説明している。分類やクラスタリング，相関ルールなどの手法に関する複数アルゴリズムの説明に加えて，人工知能として最近注目されるディープラーニング（深層学習）についても利用目的に応じてその手法を概観できるようにした。

さらに3章以下の第II部は，ソーシャルビッグデータの収集や分析，可視化まで含めた包括的なアプリケーションをフルスタック JavaScript にて実装する実践的な内容となっている。フルスタック JavaScript とはデータベース問い合わせ・サーバ・クライアントの3層すべてを JavaScript で開発する方法論で，本書ではそれに加えて Python の著名な機械学習ライブラリ scikit-learn との連携手法も示している。なお，本書で実装するプログラムはすべて GitHub リポジトリ（https://github.com/abarth500/sobig（2018年7月現在））として公開している。

最後に本書の執筆にあたりご協力いただいた職業能力開発総合大学校の遠藤雅樹氏ならびにコロナ社で企画から編集，出版までをお手伝いいただいた関係者の皆様に深く感謝する。

2018年12月

著　者

# 第I部　基礎編

## 1. ビッグデータ

1.1 ビッグデータの特徴 …………………………………………………………………… 1
1.2 実世界データ …………………………………………………………………………… 2
1.3 オープンデータ ………………………………………………………………………… 3
1.4 ソーシャルデータ ……………………………………………………………………… 6
1.5 ソーシャルビッグデータ ……………………………………………………………… 11
　1.5.1 実世界データとソーシャルデータのインタラクション ……………………… 11
　1.5.2 ユニバーサルキー ………………………………………………………………… 12
1.6 イシカワ・コンセプト，そしてジオソーシャルビッグ …………………………… 12
　1.6.1 ソーシャルビッグデータ利用の一般的な流れ ………………………………… 14
　1.6.2 ソーシャルビッグデータの4番目のv …………………………………………… 15
1.7 ソーシャルビッグデータ応用（ケーススタディ）………………………………… 20
　1.7.1 ケース1―観光応用：掘り出し物スポット発見
　　　　（ソーシャルデータ × 印象評価）……………………………………………… 20
　1.7.2 ケース2―観光応用：トピックの地域的影響
　　　　（異種ソーシャルデータ × クラスタリング＆グラフモデル） ……………… 22
　1.7.3 ケース3―観光応用：観光資源名の意味
　　　　（ソーシャルデータ＆オープンデータ ×Word2Vec）………………………… 25
　1.7.4 ケース4―観光応用：見頃推定
　　　　（ソーシャルデータ＆オープンデータ × 時系列分析）……………………… 27
　1.7.5 ケース5―観光応用：FreeWi-Fiスポット設置候補
　　　　（異種ソーシャルデータ × 統合分析）………………………………………… 31
　1.7.6 ケース6―防災応用：危険避難路発見
　　　　（ソーシャルデータ＆オープンデータ × グラフモデル）…………………… 34

1.7.7 ケース7—科学応用：中央丘クレーターの発見
  　　（オープンデータ（実世界データ）× ディープラーニング）･････ 36
1.8 本書で学んでほしいこと ･･････････････････････････････････････ 39
  1.8.1 データサイエンティストとデータエンジニア ･･････････････ 39
  1.8.2 データサイエンティスト ･･････････････････････････････････ 41

## 2. データマイニング・機械学習の基本技術

2.1 概　　　論 ･･･････････････････････････････････････････････････ 46
2.2 データマイニングとは ･････････････････････････････････････････ 46
  2.2.1 データマイニングの細分化 ･････････････････････････････････ 47
2.3 データマイニングと周辺分野の関連 ･････････････････････････････ 49
  2.3.1 データベース ･･･････････････････････････････････････････ 49
  2.3.2 統　計　解　析 ･････････････････････････････････････････ 50
  2.3.3 機　械　学　習 ･････････････････････････････････････････ 50
2.4 データマイニングのプロセス ･･･････････････････････････････････ 51
  2.4.1 データの選択 ･･････････････････････････････････････････ 51
  2.4.2 データの前処理 ･････････････････････････････････････････ 53
  2.4.3 データの変換 ･･････････････････････････････････････････ 62
  2.4.4 パターン，知識の発見 ･････････････････････････････････････ 65
  2.4.5 解　釈　と　評　価 ･････････････････････････････････････ 68
2.5 クラスタリング ････････････････････････････････････････････････ 69
  2.5.1 概　　　要 ･････････････････････････････････････････････ 69
  2.5.2 階層的クラスタリング ･････････････････････････････････････ 71
  2.5.3 k-means ････････････････････････････････････････････････ 77
  2.5.4 DBSCAN ･･････････････････････････････････････････････ 79
2.6 分　　　類 ････････････････････････････････････････････････････ 80
  2.6.1 概　　　要 ･････････････････････････････････････････････ 80
  2.6.2 k 近 傍 法 ･････････････････････････････････････････････ 80
  2.6.3 決　定　木 ･････････････････････････････････････････････ 83
  2.6.4 SVM ･･･････････････････････････････････････････････････ 86
  2.6.5 ディープラーニング ･･･････････････････････････････････････ 89
2.7 その他の手法 ･･････････････････････････････････････････････････ 90
  2.7.1 アンサンブル学習 ･･･････････････････････････････････････ 90

2.7.2 相関ルール……………………………………………………… 93

# 第 II 部　実践編

## 3. ソーシャルビッグデータ分析を支える Web 技術

3.1 フルスタック JavaScript ………………………………………………… 97
   3.1.1 サーバ上の JavaScript ………………………………………… 97
   3.1.2 データベース上の JavaScript ………………………………… 99
   3.1.3 本書で実装するシステムの構成 ……………………………… 100
3.2 環　境　構　築 ………………………………………………………… 102
   3.2.1 Node.js のインストール ……………………………………… 103
   3.2.2 MongoDB のインストール …………………………………… 105
   3.2.3 実装ディレクトリの準備 ……………………………………… 107
3.3 Web 3 層アーキテクチャの実装 ………………………………………… 107
   3.3.1 Web サ ー バ …………………………………………………… 108
   3.3.2 WebSocket ……………………………………………………… 109
   3.3.3 WebSocket によるチャットプログラム ……………………… 111
   3.3.4 JavaScript object notation（JSON）………………………… 114
   3.3.5 GeoJSON ……………………………………………………… 116
   3.3.6 MongoDB の利用 ……………………………………………… 116
   3.3.7 Node.js から MongoDB へのアクセス ……………………… 118
   3.3.8 非同期処理環境における処理フローの記述 ………………… 121
   3.3.9 MongoDB と WebSocket によるチャットプログラム ……… 124

## 4. データを集める

4.1 ソーシャルビッグデータを知る ………………………………………… 128
4.2 ソーシャルビッグデータの収集 ………………………………………… 129
   4.2.1 検索による Twitter データの収集 …………………………… 130
   4.2.2 新着監視による Twitter データの収集 ……………………… 131
   4.2.3 検索による Flickr データの収集 ……………………………… 132
   4.2.4 新着監視による Flickr データの収集 ………………………… 136

4.2.5　DBpediaを用いたWikipediaデータの収集 ……………………… 137
4.3　ジオソーシャルビッグデータの収集 ……………………………………… 138
　　4.3.1　ジオタグ付きツイートの収集 ………………………………………… 139
　　4.3.2　ジオタグ付き写真の収集 ……………………………………………… 144
　　4.3.3　OpenStreetMapへの問い合わせ ……………………………………… 145
4.4　クローラの実装と運用 ……………………………………………………… 147
　　4.4.1　クローラ機能のパッケージ化 ………………………………………… 148
　　4.4.2　さらに高度な実装のために …………………………………………… 151

## 5. データを可視化する

5.1　可視化ライブラリのインストール ………………………………………… 152
　　5.1.1　チャート描画 …………………………………………………………… 153
　　5.1.2　カラーパレット ………………………………………………………… 154
5.2　ソーシャルデータ分析可視化環境の準備 ………………………………… 155
　　5.2.1　プログラムのインストール …………………………………………… 155
　　5.2.2　分析対象ソーシャルデータのクロール ……………………………… 156
5.3　散　布　図 …………………………………………………………………… 156
5.4　ワードクラウド ……………………………………………………………… 158
5.5　地　図　描　画 ……………………………………………………………… 161
5.6　ヒートマップ ………………………………………………………………… 162

## 6. データを分析する

6.1　準　　　備 …………………………………………………………………… 164
6.2　線　形　回　帰 ……………………………………………………………… 165
6.3　k-means ………………………………………………………………………… 167
6.4　DBSCAN ……………………………………………………………………… 171
6.5　機　械　学　習 ……………………………………………………………… 171
6.6　TF-IDF ………………………………………………………………………… 173
6.7　お　わ　り　に ……………………………………………………………… 174

引用・参考文献 …………………………………………………………………… 175
索　　　　引 ……………………………………………………………………… 181

# 第Ⅰ部 基礎編

# 1 ビッグデータ

本章ではソーシャルビッグデータとその統合分析の基本概念を説明する。まずソーシャルビッグデータを構成する実世界データ，およびオープンデータ，ソーシャルデータの概要と実例について説明する。続いて実世界データとソーシャルデータのインタラクションを説明した後，それに基づく統合分析の基本概念である「イシカワ・コンセプト」を導入する。さらに基本概念に沿った統合分析の流れを説明した後，統合分析のためのデータモデルアプローチを導入する。それに基づき，複数のケースを通して統合仮説と統合分析について具体的に説明する。最後に本書で学ぶべき項目を列挙し，それらについて説明する。

## 1.1 ビッグデータの特徴

まずはじめにビッグデータの特徴についてまとめて説明する[1]†。一般にビッグデータは以下のように，vではじまる四つのワードで説明できる。

- 生成されるデータの総量（volume）が大きい。
- 生成されるデータの速度（velocity）が速い。
- 生成されるデータの種類（variety）が多い。
- 生成されるデータにあいまいさ（vagueness）がある。

最初の三つのvについては，改めて説明の必要はないだろう。そこで四つ目のvについてコメントしておく。例えば複数のデータがあれば，データの欠損，関連するデータ間の矛盾など，データのあいまいさが引き起こされる。また生成されたデータの使用に関しても，その説明に現状ではあいまいさがある。後者のあいまいさについては1.6.2項で詳しく説明する。

ビッグデータは，おおよそ実世界データおよびオープンデータ，ソーシャルデータに分類される。以下それぞれについて，具体例とともに詳しく見てみよう。

---

† 肩付数字は，巻末の引用・参考文献を表す。

## 1.2 実世界データ

まず実世界データといわれるものには，人間が実世界（フィジカルワールド，physical world）で行動，活動することによって発生するさまざまなデータが含まれる。最近では加速度，ジャイロ，心拍数などの測定装置の小型化が進んできた。そのためスマートウォッチなどのウエアラブル端末で，活動量，心拍数など人間の諸活動に関するデータが簡単に記録できるようになった。また，GPS（global positioning system）装置の小型化により，人間の生成するさまざまなデータに位置情報が付与されるようになった。

同様に人間が機械やシステム，メディアと関わることで蓄積されるデータも実世界データの一種と考えられる。また，人間の状態に限らず，生産現場における設備機械の状態や宇宙における探査機の状態が各種センサによって測定されて生み出されるデータも実世界データの一種である。一般にインターネットなどのネットワークにつながれたセンサを持つ機器をIoT（internet of things）[2]機器という。

さらに降雨や桜の開花など自然現象などを観測，観察することによって発生する気象データや科学的データ（JAXAの月惑星科学データ[3]など），自動車の車両走行データ（プローブデータ）[4]も実世界データの一種である。

図1.1にJAXAのDARTS（Data Archives and Transmission System）サイト[5]にある

図1.1　DARTS「はやぶさ」

図 1.2　車両走行データ

「はやぶさ」のデータに関するページを示す。また，図 1.2 に車両走行データの利用形態の一例を示す。

他にも，交通系 IC カードのデータ，各種メディアの視聴ログデータなどが挙げられる。

## 1.3 オープンデータ

〔1〕 **オープンデータの定義**　つぎにオープンデータについて説明しておこう。オープンデータとは政府や自治体，研究機関など公共性の高い団体が収集し，整理したものを，すべての人がアクセスできるように公表したデータである[6]。

まず人間が見るということだけを前提としたこれまでのデータは HTML（hypertext markup language）形式や PDF（portable document format）形式での公表が主であった。それに対して，オープンデータはその利用できる形式に基づいて以下のように分類される。

① 機械処理が可能なデータ形式：XLS，DOC のようなプロプライエタリ（proprietary，独占的）ライセンスのもとで提供されたプログラムで利用できるデータ形式
② 二次利用がしやすいデータ形式：CSV，XML などオープンな形式
③ 外部連携や検索が可能なデータ形式：LOD（linked open data）[7]，RDF（resource description framework）

ここでオープンデータとしては，①が最も初歩的レベルで，②，③となるにつれて，より高度なレベルになる。また②は①の特徴を，③は②の特徴をそれぞれ引き継ぐ。

〔2〕 **オープンデータの例**　国や地方公共団体などの組織から提供されるオープンデータには，それらの組織が収集した避難施設などの防災情報や人口動態などの統計情報が含まれる。学術資源である論文も，特にオープンアクセスジャーナルに掲載されるものは，だれもがアクセスできるという意味でオープンデータの一種である。そうしたオープンアクセスジャーナルを用いた学術トレンドの発見を目指した研究も行われている[8]。

こうしたオープンデータと実世界データとは必ずしも排他的ではない。実世界データの中

にも，オープンデータは存在する。例えば1.7.4項で後述するような気象庁の提供する生物季節観測[9]に関するデータやJAXAがDARTSを通して提供する月惑星科学データのように，観察，観測によって得られ公表された時間・位置情報付きのデータなどもオープンデータの一種であると考えられる。

図 **1.3** にW3C[10]のサイトにある RDF データの例を示す。例えば，book1（主語）は，"SPARQL Tutorial"（目的語）をtitle（述語）として持つ。図 **1.4** には，この RDF データに対して SPARQL という言語による問い合わせとその実行結果の例を示す。

```
@prefix dc:<http://purl.org/dc/elements/1.1/>.
@prefix:<http://example.org/book/>.
@prefix ns:<http://example.org/ns#>.

:book1 dc:title"SPARQL Tutorial".
:book1 ns:price 42.
:book2 dc:title"The Semantic Web".
:book2 ns:price 23.
```

図 **1.3** RDF データ

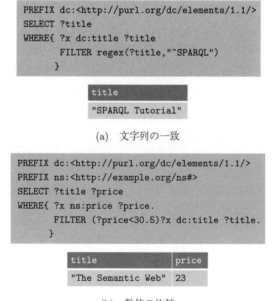

(a) 文字列の一致

(b) 数値の比較

図 **1.4** PARQL による問い合わせと結果

さらにみんなで作り上げたような，地図データ（OpenStreetMap：OSM）や百科事典Wikipedia（ウィキペディア）も，だれもがアクセスできるという意味でオープンデータに含まれる。

（1） **OSM**　OSM[11), 12)]は，編集可能な世界地図を作成するための共同プロジェクトである。Wikipedia[13)]が成功したことに加えて，英国をはじめとして各国において商用地図データが支配的になったことや安価な GPS の出現に触発されて，2004 年に英国のスティーブ・コースト（Steve Coast）によって作成された。それ以来 OSM は，人手による調査，GPS 機器利用，航空写真撮影，その他の無料情報源の利用を通してデータを収集できる，200 万人以上の登録ユーザを持つプロジェクトにまで成長した。OSM は，ボランティアベースで作成された地理情報の顕著な例の一つである。このようにしてクラウドソース（crowdsource）されたデータは ODbL（open database license）[14)]というライセンスで利用可能になる。

OSM には，例えば以下のようなデータが含まれる。

- POI（point of interest）：自然物（山，川など），施設（水族館，美術館など），店舗（レストラン，ハンバーガー店など），神社仏閣など
- 道路情報：道路，橋，トンネルなど

図 1.5 は OSM プロジェクトで作成された新宿御苑周辺の地図である。

図 1.5　OSM 地図

（2） **DBpedia**　DBpedia[15), 16)]（「DB」は「database」を意味する）は，Wikipedia プロジェクトで作成された情報から，構造化コンテンツを抽出することを目的としたプロジェクトである。こうして構造化された情報は，world wide web（WWW）上で利用可能になる。利用者には，Wikipedia 内のデータに関する属性や関係に対する意味的な問い合わせ，言い換えればデータの構造を意識した問い合わせを許す。DBpedia では SPARQL を使って Wikipedia の内容の検索ができる。WWW の発明者である Tim Berners-Lee[17)]は，DBpedia を LOD に関する取り組みの中で最も著名なものの一つとしている。

## 1.4 ソーシャルデータ

〔1〕 ソーシャルデータ・ソーシャルメディアの定義　ソーシャルデータは，基本的にはインターネットの上に構築されたネット世界（サイバーワールド）において，会員の間で相互に情報を交換し合うソーシャルメディア（広義のソーシャルネットワークサービス，SNS）から入手できるデータである。特に本書ではソーシャルデータに注目する。

一般にソーシャルメディアは，プラットフォームとしてのWebサイト上に構築されたシステムとその利用者から構成される。そして利用者は，システムとの間で，システムが許した直接的な相互作用を行う。また基本的に，ある利用者は，システムからだけでなく他の利用者からも識別される。さらに利用者は複数集まって，明示的にコントロールされたコミュニティ，あるいは自律発生的なネットワークを作る。こうして構築されるネットワークが狭義のソーシャルネットワーク（social network）である。

ソーシャルメディアの利用者は，ソーシャルメディアシステムと相互作用を行うと同時に，そのネットワークに参加し，あるいはそれを利用しながら，そのメディアが提供するサービスを享受することができる。

より具体的には，ソーシャルメディアは，そのサービス内容や主として用いるメディアの違いに基づいて，おおよそ以下のようなカテゴリに分類できる。

① ブロギング（blogging）：利用者は個人的な出来事を含め，あるトピックに関する説明，感想，評価，考え，行動などを日記風におもにテキストで投稿する。
　　例）アメーバブログ（Ameba blog，通称アメブロ）[18]
② マイクロブロギング（micro blogging）：利用者は一般のブログより短いテキスト（ツイートは最大140文字）で，より頻繁にブログに投稿する。
　　例）Twitter[19]，新浪微博（weibo）[20]
③ SNS（social networking service）：狭義のSNSであり，利用者間のソーシャルネットワーク作りそのものを支援する。
　　例）Facebook[21]
④ 共有サービス（sharing service）：それぞれ動画，楽曲，写真，ブックマークなどさまざまなデジタルメディアを利用者間で共有できるようにする。
　　例）YouTube[22]，ニコニコ動画[23]，Flickr[24]，Instagram[25]，spotify[26]，Deezer[27]，Delicious[28]，はてな[29]
⑤ インスタントメッセージングサービス（instant messaging service）：利用者間でテキストを利用して，チャットや会議を行うことができる。

例）WhatsApp[30], LINE[31], 微信（WeChat）[32]

⑥ ビデオコミュニケーション（video communication）：利用者間でビデオを利用して，チャットや会議を行うことができる。

例）Skype[33], RingCentral[34]

⑦ ソーシャルサーチ（social search）：検索結果に対する利用者の好みや意見が，それ以降の検索結果に反映される。あるいは利用者の問い合わせに対して，他の利用者を含めて人々が直接回答をしてくれる。

例）ChaCha[35], Mahalo[36]。ただしこれらはすべて現在閉鎖されている。

⑧ ソーシャルニュース（social news）：利用者が一次ソースとしてのニュースだけでなく，すでにある好きなニュースを投稿，評価することができる。

例）Slashdot[37], Digg[38]

⑨ レビューサービス（review service）：レストランのメニューや広く関心のあるスポット（POI）に対する評価を共有できる。

例）yelp[39], 食べログ[40], トリップアドバイザー[41]

⑩ ソーシャルゲーミング（social gaming）：SNSを基盤として，その利用者間でコミュニケーションをとりながらゲームを行うことができる。

例）FarmVille[42], MINECRAFT[43]

⑪ クラウドソーシング（crowd sourcing）：利用者が，ある仕事の一部または全部を，他の利用者にアウトソーシング（outsourcing）することができる。

例）Mechanical Turk[44], microWorkers[45]

⑫ コラボレーション（collaboration）：利用者間の共同作業を支援したり，その共同作業の結果を出版したりする。

例）G Suite[46], Office365[47]

ソーシャルメディアではメディアサイトの提供する API（application program interface）を通して，ソーシャルデータを収集できるものも多い。詳しくは 1.5 節以降で説明するが，本書では，異なるデータソースの突き合わせや，信頼性のあるデータの取得が可能になるという理由で位置情報付きソーシャルデータに限定して考える。それらには，例えば以下のようなソーシャルメディアが含まれる。

- yelp レビュー
- Twitter 記事投稿
- Flickr 画像共有サービス

なお基本的にソーシャルデータにはなんらかの時間情報が付加されている。

このように時間・位置情報が付いたソーシャルデータは，ある意味で人間が行動すること

によって作り出した実世界データともいえる。さらにソーシャルメディアの提供するAPIを通せば，アクセスできるようにされているソーシャルデータは，オープンデータの一種とみなすことができる。

〔2〕 ソーシャルデータの例　　以下では本書で主として用いるソーシャルメディアとしてTwitterとFlickrについて説明する。

(1) **Twitter**

1) カテゴリと創設　　Twitter[19),48)]は，2005年にJack Dorseyによって創設されたマイクロブロギングのためのプラットフォームサービスである。それはライブ性が高く，友人間でたがいの状況を把握するのに適するメディアの開発に関するアイデアからスタートした。Twitterは，2007年に開催されたサウス・バイ・サウスウェスト会議（South by Southwest interactive：SXSWi）で利用者が急増したことがきっかけで注目されるようになった。また2011年に日本で宮崎駿アニメ「天空の城ラピュタ」がTV放送されたときには，1秒間で25 088件のツイート（tweet，Twitterの記事）が投稿されて話題となった。

図1.6に外国人に人気の高い渋谷のスクランブル交差点を示すハッシュタグ#shibuyacrossingを指定して，Twitterから検索した結果として得られたツイートの一部を示す。なお図ではプライバシー保護のための加工を施している。

2) 統計
- アクティブな利用者：319M（M = 100万）

図1.6　Twitter

- 記事数/1日：500M

3) 基本的データ構造

(利用者関連)

- アカウント
- プロフィール

(コンテンツ関連)

- ツイート

(関係関連)

- Webサイト，ビデオ，画像へのリンク
- 利用者間のフォロワー・フォロウィー（follower-followee）関係
- 検索の保存
- 利用者のリスト
- ツイートのブックマーク

4) おもな相互作用

- アカウントを作成・削除する。
- プロフィールを作成・変更する。
- ツイートを投稿する：フォローしている利用者によって投稿されたツイートがフォロワーのタイムライン上に現れる。
- ツイートを削除する。
- ツイートを検索する：検索語や利用者名でツイートを検索できる。
- リツイート（retweet）する：利用者があるツイートをリツイートすると，そのツイートがフォロワーのタイムライン上に現れる。言い換えれば，自分がフォローしている利用者が，あるツイートをリツイートすると，自分のタイムライン上にそのツイートが現れる。
- 返信する：そのツイートを投稿した利用者に返信すると，投稿者と返信者の両方をフォローする人のタイムライン上に現れる。
- ダイレクトメッセージを送信する：自分のフォロワーに直接メッセージを送る。
- ツイートに位置情報を付加する。
- ハッシュタグ（hashtag）を付加する：#ではじまる文字列で，それを含むツイートを検索できる。ハッシュタグはしばしばあるトピックを示したり，まとまったコミュニティを形成したりする。
- WebページのURLをツイートに埋め込む。
- ビデオをリンクとして埋め込む。

- 画像をアップロードして共有する。

5) API　　Twitter は Web サービスの API として，REST（representational state transfer）とストリーミング（streaming）を提供している。REST は HTTP プロトコルに従って URI とパラメータを指定してサービスにアクセスし，JSON（JavaScript object notation）形式のデータを得る。ストリーミングは投稿されてくる Twitter のストリームから JSON 形式のデータを取得する。

**（2）Flickr**

1) カテゴリと創設　　Flickr[24),49)] は，Stewart Butterfield と Caterina Fake によって創設された Ludicorp 社が，2004 年に立ち上げた画像共有サービスである。サービス開始当初，画像共有そのものは多数の利用者間でのチャットの手段の一つという位置付けであった。しかしその後のサービスでは，逆に画像共有が主目的になり，やがてもともとの目的であったチャットサービスは問題もあって姿を消した。

図 1.7 に Twitter と同様にハッシュタグ#shibuyacrossing を指定して，Flickr から検索した結果として得られた投稿画像の一部を示す。

図 1.7　Flickr

2) 統計
- アクティブな利用者：90M
- 画像数：10B（B = Byte（バイト））

3) 基本的データ構造

（利用者関連）
- アカウント
- プロフィール

（コンテンツ関連）
- 写真
- 写真のセット・コレクション
- 写真のお気に入り
- 注釈
- タグ
- Exif

（関係関連）

- グループ
- コンタクト
- アルバム（写真）のブックマーク

4) おもな相互作用

- アカウントを作成・削除する。
- プロフィールを作成・変更する。
- 写真をアップロードする。
- 写真をセット・コレクションにまとめる。
- 写真に注釈を加える。
- 写真を地図上に配置する。
- 写真をグループに追加する。
- コンタクトで友達あるいは家族の関係を作る。
- 説明・タグで検索する。

5) API　FlickrはREST，およびXML-RPC (XML-remote procedure call)，SOAP（もとはsimple object access protocol）のWebサービスAPIを提供する。

## 1.5　ソーシャルビッグデータ

　本書では，これまでに説明してきた実世界データ，オープンデータおよびソーシャルデータを総称して，改めてソーシャルビッグデータと呼ぶことにする。しかしながらソーシャルビッグデータは単にデータだけを指しているわけではない。以下にこのことを説明しよう。

### 1.5.1　実世界データとソーシャルデータのインタラクション

　実世界データであれ，ソーシャルデータであれ，われわれの周りには時々刻々と，多様で大量のソーシャルビッグデータが生まれている。

　しかしながら実世界データの持つ意味は本質的に明示的ではない。多くの場合，少なくともデータだけからは明確な意味を抽出することはできない。言い換えれば，実世界データの意味を知るためには，データの持つ特徴とデータの外側に存在する意味（あるいは意味に対応する別のデータ，あるいはデータになっていないような知識や勘など）とを対応させる必要がある。

　一方でソーシャルデータは，テキスト（Twitter）であろうと画像（Flickr）であろうと明示的意味を持つ場合が多い。Twitterでは関心や意見，感想が言葉として直接的に表現され

るし，Flickrではもちろん写真に写っているものが関心そのものを表していると考えられる。

ここで，もし異なるデータソースの間に存在する関係性を発見できれば，それを手がかりとして異なるデータソースに含まれる関連データを突き合わせる（同期させる）ことができるだろう。ただし，そうした関係性をいつでも見出せるわけではないことには留意しておこう。

### 1.5.2 ユニバーサルキー

類似性を持つデータを汎用的に突き合わせることに利用できるようなデータ属性を，本書ではユニバーサルキー（universal key）と呼ぶことにする。一般的に位置と時間は，異なるデータソースを結び付けるユニバーサルキーの候補の一つとなる，言い換えれば，同一の位置（範囲）と時間（帯）を用いれば異なるデータを同期させられる可能性がある。

すなわち異なるデータについて，ユニバーサルキーを用いれば，それらの位置と時間の両方，またはそのどちらか一方を同期させて分析を行うことによって明示的な意味を抽出できる可能性がある。その分析を，「シンクロ分析」ということにする。つまり，実世界データとソーシャルデータとのシンクロ分析により，実世界データの中には潜在的にしか存在しない意味を，ソーシャルデータの同期された部分が持つ明示的な意味で補うことができる可能性がある。

さらにもし異なるデータが意味情報（テキストやタグなど）を持つ場合は，それらに含まれる単語（概念）が作る意味空間（例えばベクトル空間モデル[1]）において，データ（例えば特徴ベクトル）の類似性が大きいこと，あるいはその逆概念である距離が小さいことが，ある種のユニバーサルキーの代替となり，異なるデータソース間でのデータの同期が可能になる。例えばTwitterの記事本文のテキストやタグとFlickr画像のタグとの類似性を利用することが考えられる。

最近では画像データそのものからタグを生成するWebサービス（例えばGoogle Cloud Vision API[50]）が利用できる。これを用いれば，画像やテキストというメディアの違いを問わず，異なるデータソース間の意味空間における統合分析が可能になる。

またそのままでは複数のデータソースの突き合わせができなくても，ある一つのデータソースから分析や選択によって得られた結果の特徴量や属性を使って，他のデータソースのデータに関する絞り込み（選択）を行うことも考えられる。

## 1.6 イシカワ・コンセプト，そしてジオソーシャルビッグ

こうして複数のデータ（ソーシャルビッグデータ）について，それらの位置と時間，そして意味において同期させて分析を行うことによって，広義の相関関係の発見や仮説の生成を行い，その結果に基づいて，さまざまな問題解決や推薦，原因究明，近未来予測といった応

用が可能になる。

このような分析手法の基本概念を「イシカワ・コンセプト」と呼ぶ[51]。本書はこのコンセプトをもとに実際の応用をプログラムでどのように記述するか，実例を通して説明する。図**1.8**にイシカワ・コンセプトを図解する。

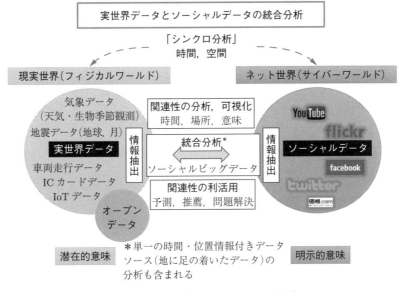

図 **1.8** 概念図（イシカワ・コンセプト）

ここで，本手法で組み合わせるデータソースについて少し注意を述べておこう。

まず，異なるデータソースとしてソーシャルデータとオープンデータとを同期させて分析することもこの手法に含まれる。またシンクロ分析の特殊なケースとして，異なるソーシャルメディアを，それらの特徴の違いを利用して同期させることで新しい知見を得ることができる場合もある。

さらに，極端な場合を考えよう。すなわち，たとえ単一のデータソースであっても，時間と位置が付加されたデータの方が，それらが付加されていないデータに比べて，時間や位置が特定できるイベントやスポットとの関連性が高いと考えられる（これをここでは「シンクロソロ分析」と呼ぶ）。いわば，時間・位置情報の付加されたデータに基づく分析は，地に足が着いた（hands-on）分析となる可能性が高い。海外（例えばフランスのパリ）にいて，まだ行ったことのない場所（例えば東京の原宿）について語る場合よりも，実際にその場所（原宿）に来てその場所（原宿）について語る場合の方が，一般には経験に基づいているので，ソーシャルデータの内容と場所との関連性が強いといえるのではないだろうか。

実世界データとして位置が明確になる単一の時系列データを分析する場合も本手法での対象となる。特に位置情報を持つソーシャルビッグデータを，本書ではジオソーシャルビッグ

(geo-social big) と呼ぶことにする。ジオソーシャルビッグについては第II部で具体例を使って本格的に解説する。ちなみに，このジオソーシャルビッグの概念を表すのにぴったりなのが魯迅の小説の最後の文章である。

「…これこそ地上の道のように，初めから道があるのではないが，歩く人が多くなると初めて道が出来る。…」（故郷，魯迅，1923）[52]

### 1.6.1 ソーシャルビッグデータ利用の一般的な流れ

まずソーシャルビッグデータの利用では，以下のような処理の流れが基本となる。

1) ソーシャルデータの収集・データベース格納

    ソーシャルメディアサイトが提供する検索やストリーミングのAPIを利用して，データを取得し，収集用データベースに格納する。

2) データベースの検索

    目的に応じて，条件を指定して収集用データベースから検索する。

3) データの加工・変形

    検索したデータを必要に応じて変形・加工する。例えばデータの集約や変換，クリーニング（クレンジング（削除や訂正によりデータ品質を高めること））が含まれる。

4) オプション：分析用データベースへ格納

    加工されたデータを分析用データベースに格納する。通常は収集用データベースとは異なる分析用データベースに格納する。

5) 仮説生成・検証

    変形・加工されたデータに対して，データマイニング・機械学習のアルゴリズムを適用して，新たな仮説の生成やすでに立てた仮説の検証を行う[1]。例えばクラスタリングや分類，回帰などが含まれる。

6) 仮説の可視化・知識化

    地図やグラフ（ネットワーク），各種チャートを用いて，仮説の生成・検証結果を可視化する。

この処理の流れを基本として，分析処理は以下のように分けられる。

① パラレル分析：1)〜6)までを1種類のソーシャルメディアごとに行う。さらに5)や6)では，異なるメディアごとに得られた結果を統合（同期）して分析する。

② シリアル分析：一つのソーシャルメディアについて1)〜6)までを行う。他のメディアについて1)は行っておく。最初のソーシャルメディアについて得られた結果をもとに，もう一つのソーシャルメディアの2)からはじめて6)までを行う。

図 **1.9** にパラレル分析とシリアル分析を示す。

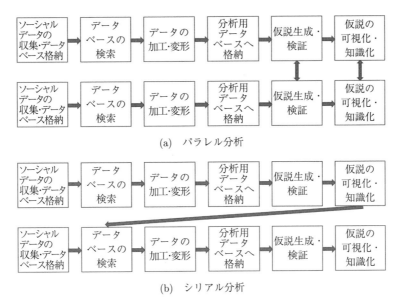

図 1.9 パラレル分析とシリアル分析

ちなみにソーシャルメディアのサイトでは，1) より以前に実世界で発生した各種イベント（投稿やチェックイン）の発生時（point of event）に，サイト内もしくは関連するクラウド上にあるデータベースへ，そうしたイベントの情報が書き込まれる。その後，それらが利用者のタイムラインに表示されたり，利用者に提供される API を通してアクセスしたりできるようになる。もちろん通常サイト外部の利用者から見えるのは蓄積されるデータの一部である。

ソーシャルデータ以外のデータ（実世界データやオープンデータ）の利用についても，収集できるデータが発生した時点で，できるだけそれらを収集しておいてデータベースに格納しておくということが望ましい。この場合も，仮説が作成できたら，それを検証するのに必要なデータをデータベースから選択し，必要な加工を施して実験を行う。

### 1.6.2　ソーシャルビッグデータの 4 番目の v

〔1〕課　　題　　ビッグデータの特徴である 4 番目の v のうち，説明のあいまいさに対する対策についてもう少し説明をしておこう。

個人のデータを管理し，企業などで積極的に利用させることを目的とした情報銀行[53]の計画が起こりつつある。利用者が自分自身のデータが安全に利用されるという納得感を持つことが，こうした概念・サービスの成否の前提の一つになるだろう。

利用者の不安を解消するための一つの手段は，応用についての説明責任を果たすことである。分析に関する説明責任を果たすためには，利用者に対して分析の手順を説明すればよい。そのためには，まずその説明のための言葉，あるいは方法が必要となる。

すぐ実行できる説明方法はプログラムそのものを提示することである。この方法は読み手にプログラミング言語の知識があれば理論上は不可能ではない。しかしながら，プログラム全体のサイズはかなり大きくなる場合が多い。そこでたとえ知識があっても，プログラムを理解するのにかかる時間は膨大となる。またプログラムの知的財産権についても問題がある。したがってこの方法はあまり現実的な方法とはいえない。

別の方法として，自然言語によってプログラムを説明することが考えられる。しかし，自然言語でプログラムをそのまま説明するのでは，やはりもともとプログラムの抽象度が低いので（ローレベルなので），利用者に理解できるように応用を説明するという目的にそぐわない。

そこで，プログラムより抽象度が高く（ハイレベルで），個々のプログラミング言語（例えば Python, Java）には依存しない方法が求められる。言い換えればプログラムの意味として手順の記述ができる必要がある。

〔2〕 統合的データモデルアプローチ　　ここでは説明のあいまいさの解決に対するデータモデルアプローチが有効と考えられる。データモデル[54]は基本的に以下のような構成要素からなる。

（1）　データ構造 + データ操作　　すなわちデータモデルは基本とするデータ構造とそれに対する操作からなる。一般にはデータまたはデータ間で満たすべき条件（データ制約）がデータモデルの構成要素に加わるが，ここではデータ構造とデータ操作についてのみ考え方を示すことにする。

特に以下ではデジタルエコシステム，および仮説，再現性という観点からデータモデルアプローチを説明しよう。

1）　異なるデジタルエコシステム　　ソーシャルビッグデータの応用分野を観察すると大量のデータ管理とそれに対するデータマイニングからなる。データ管理とデータマイニングは，それぞれ別々に発展してきたデジタルエコシステム[55]（以下単にエコシステムという）である。一般にエコシステムは製品やサービスを媒介にして複数のベンダと利用者からなる相互に依存した生態系といえる。ソーシャルビッグデータ応用の多くは，著者らの観察によれば，異なるエコシステムとして別々に発展してきたデータ管理とデータマイニング，機械学習からなるハイブリッドな応用である。

①　データ管理エコシステム：現在広く利用されている関係データベースにおけるデータモデル[54]の基本はタプル（値の組み合わせ）の集合（関係，リレーション（relation））とそれに対する操作（関係代数，またはそれを実現するSQL）である。ただし，例外として，SQLのgroupby（グルーピングと集約関数）機能は，単なる集合概念を超えていて，むしろ集合の分割概念に基づく。すなわち検索対象のタプル集合を，グルーピングのキーが同一の値を持つタプルの集合に分割し，各集合に集約関数を適用する。つまり集約関数だけは，集合の

集まり（集合族）という数学的概念をもとにしている．要するに伝統的なデータ管理は集合を基本としつつも，一部は集まりの概念を用いている．

② データマイニング（機械学習，人工知能）エコシステム：データマイニング[1]において，クラスタリングと分類（クラス，すなわちカテゴリ）は，ともに入力のデータ構造は集合であり，出力のデータ構造は集合の集まり（分割）になる．すなわちクラスタリング（排他的）では，各クラスタが，入力集合の分割に相当する．分類では，各クラスが入力集合の分割に相当する．相関ルールでは，入力と出力のデータ構造はともにアイテム集合のべき集合の要素となる．

要するに，応用を説明するデータモデルは，データ管理とデータマイニングというハイブリッドなエコシステムをまとめて説明できる必要がある．そのためこの二つを統合する概念としてのデータ構造が必要となる．

2) 仮説の多様性　　一方で仮説そのものについては，以下のように二つの異なる見方ができる．

- 宣言としての仮説：伝統的なデータ分析における仮説に相当する．この種の仮説に対する主要なタスクは，仮説の検証である．
- 手続きとしての仮説：手順を実行し，その結果として仮説を生成する．もちろんこの場合でも生成された仮説の検証は必要である．

特に後者の仮説では，仮説そのものを生成する手順がより重要な役割を果たすことになる．

3) 科学としての再現性　　さらに一般に科学の結果，厳密には科学論文の信頼性とは，基本的には論文に書かれた手順でデータを準備し，そのデータに対して論文に記述された手順の実行によって，論文に記述された結果と同じ結果を得られるということ（再現性）にかかっている．

つまり計算機科学あるいは情報科学も広い意味では科学であり，その手順に関して再現性のある説明が，計算機科学の応用であるソーシャルビッグデータ応用の信頼性にとっても不可欠である[56]．要するにソーシャルビッグデータ応用における手順の記述のためには，データモデルとして統一的なデータ構造とそれらに対するデータ操作を定義する必要がある．

〔3〕集合の集まりが基本データ構造　　ここではデータモデルのうち，特にデータ構造についてまとめておこう．以下では応用で扱うデータ構造を中心にして説明する．

そもそもソーシャルビッグデータ応用は時空間データ，すなわち時間・位置情報付きデータを対象に分析する．そのようなデータの分析はいわば「地に足の着いた分析」である．例えば

- 地図はグリッド（メッシュ）の階層構造からなる：80 km，10 km，1 km，500 m，250 m
- 時系列データも時間区間の階層構造を持つ：年，月，週，日，時刻

さらに各グリッドや時間区間は，それに含まれるデータの集合と考えることができる。ソーシャルビッグデータでは，さまざまな応用分野と分野横断的な技術群の観察から，以下のような抽象度の高いデータ構造を基本とすることができる。

第II部では具体的なプログラミング言語（Python, JavaScript）を使用して計算手順（アルゴリズム）を記述するが，本章ではプログラミング言語によらない手順の記述と抽象度の高いデータ構造を使用する。

**階層的データ構造**　1章では集合を要素とする集まりをデータ構造の基本として説明する。もう少しこのことを正確に説明しよう。集まりは数学的な概念としては族（family）[57]に相当する。基本的に集まりの要素は集合である。集まりの要素はそれに付加されるインデクス（索引）で識別される。したがって基本的には集まりの要素の順序には意味はないし，集まりはその要素に同じものがあってもよい。インデクスの値は要素を識別できるものであればなんでもよい。

また集まりは，その要素として別の集まりを持つことができる。これにより集合の階層構造を表すことができる。単一要素からなる集まり（singleton family）をその要素と同一視することにより，集まりは特殊な場合として要素である集合を表すことができる。同様に単一要素からなる集合（singleton set）は，その要素と同一視できる。例えば，集まりの要素は集合であり，さらに集合は数値や文字列，ベクトル，タプルなどを要素とする。

具体例を考えてみよう。地図はグリッド（メッシュを含む）の集まりであると考えられる。ここでは広く用いられる地域メッシュ[58]を考えよう。図 **1.10** に地図にある階層構造を示す。この場合の要素に付けられるインデクスは，メッシュの左下（南西）の地点の緯度，経度に基づいて計算されるメッシュコードである。

さらにメッシュには階層（すなわち上位メッシュ，下位メッシュ）が存在する。おおよその一辺の長さが80 km（第一次地域区画），10 km（第二次地域区画），1 km（第三次地域区

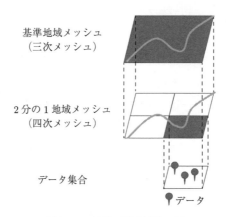

図 **1.10**　地図の階層構造の例

画，基準地域メッシュ）などである。この場合の階層は包含関係で成り立っている。

応用によって決定される最小のメッシュには 0 個以上の点（スポット，POI）が含まれる。点の識別子には緯度，経度などの値が使われる。

またメッシュに含まれる位置情報付きデータ（写真やテキスト記事）を考えれば，そのメッシュはそうしたデータの集合と考えることができる。

ここで画像中心のソーシャルデータ（Flickr など）は画像の集合であり，個々の画像には識別子が付けられるものとする。テキスト中心のソーシャルデータ（例えば Twitter）も同様に識別子を持つテキスト記事の集合である。

一般的には文書にも階層構造（文書全体，章，節，段落，文，文節，単語）が存在する。しかしながら本書で扱うツイートのような短いテキストでは，文より上位の階層構造は考えない場合が多い。各テキスト記事は文の集合であり，文は文節，文節は単語の集まりである。さらに単語は文字の集まりである。この場合単語には識別子が付されているものとする。図 **1.11** に文書にある階層構造の例を示す。

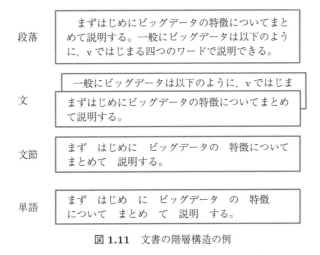

図 **1.11** 文書の階層構造の例

同様に時系列データでは，データの持つ時刻をもとに考えて，時間区間はそれに含まれるデータの集まりとみなせる。さらに最も古いデータの時刻から，最近のデータの時刻までにわたる全時間帯は，こうした時間区間の集まりとなる。すなわち時間区間にも階層性が存在する。なお時点は開始時刻と終了時刻が一致する時間区間である。

それではプログラミング言語において使われる種々のデータ構造は，集まりによってどう表せるであろうか。配列の要素は，もちろん要素（この場合は singleton set）とそのインデクスで表すことができる。ひとまとまりでデータを表すタプルの各要素（値）も，要素（singleton set）とそのインデクスで表現できる。そのようなタプルそのものを要素（singleton set）と考えれば，その集まりで Spark などのフレームワークで利用されるデータ構造であるデータ

フレーム（data frame）が表現できる．

オブジェクトは一般にオブジェクト識別子を持ち，それによって他のオブジェクトから区別される．そこでタプルを用いてオブジェクトを表現することを考える．値の一つとしてオブジェクト識別子を持つタプルを考えれば，オブジェクトを表現できる．タプルのオブジェクト識別子以外の値はオブジェクトの属性値に対応する．オブジェクトのメソッドは，インタフェースを含むプログラミングコードを持つタプルだと考える．ここではそのようなオブジェクトを特にメソッドオブジェクトと呼ぶことにする．言い換えれば，オブジェクトのメソッド（属性）の値としてメソッドオブジェクトの識別子を設定すればよい．

さらに数学におけるベクトルや行列，テンソルを集まりで表現することを考えてみよう．それらの各要素は，集まりの要素（singleton set）とそれに付与されるインデクスで自然に表現できる．

## 1.7 ソーシャルビッグデータ応用（ケーススタディ）

以上の議論を踏まえて，本章の以下の例題（ケース）では手順の意味を記述してみる．手順の説明で用いる操作の意味については，各例題でその都度説明することにする．

ここでは観光と防災という応用に関係するケースを説明する．まず観光は日本の発展を担う産業としてますます期待が大きい．政府の目標[59]は2030年には6 000万人の外国人訪問者の誘致を目指している．おもに観光に関係する応用を使って統合分析の概要を示す．また巨大地震や津波，台風など危険にさらされているわれわれにとって防災は身近な問題である．これもケースの一つに加える．

こうした課題は，筆者らが属するソーシャルビッグデータ研究センター（コラム1参照）で扱う応用分野に含まれる．なお実世界データは，プロプライエタリデータであるか，プライバシーを含む場合が多い．そのためここでは，ソーシャルデータとオープンデータを利用したケースを紹介する．

### 1.7.1　ケース1—観光応用：掘り出し物スポット発見（ソーシャルデータ × 印象評価）

だれでも一度は訪問以前に期待して行った場所が，「がっかり」スポットだったり，逆に期待していなかったが，案外「掘り出し物」のスポットであったりという経験があるだろう．

そこで，こうした印象の変化を測り，期待以上のスポットやがっかりスポットなどを発見することを考える．

**【統合仮説】** ソーシャルデータを利用して，個人にとっての価値（満足度）を計算することができる。

仮説の生成手順を以下に示す[60]。

あるグリッド内で，ある一定以上のツイートが投稿される場所（POI）について，その場所を訪れた投稿者がその場所を訪れる以前に投稿したツイートを集める。

つぎに単語の単語感情極性対応表[61]を用いて各ツイートの印象（POS から NEG，すなわち −1〜+1）を決定することにする。まず，ある投稿者がいま注目している場所の訪問前 1 日以内に投稿されたツイート $\text{Tweet}_{\text{pre}}$ の評価を関数 Evaluate-Impression を用いて行う。つぎに訪問した場所で投稿されたツイート $\text{Tweet}_{\text{post}}$ の評価をする。この差分をとり，「+」変化あるいは「−」変化かをそれぞれの閾値（正数 $\text{Th}_+$，負数 $\text{Th}_-$）を用いて決定する。図 **1.12** にツイートの感情スコアの変化イメージを示す。

$$\text{Evaluate-Impression}(\text{Tweet}_{\text{pre}}) - \text{Evaluate-Impression}(\text{Tweet}_{\text{post}}) > \text{Th}_+$$

$$\text{Evaluate-Impression}(\text{Tweet}_{\text{pre}}) - \text{Evaluate-Impression}(\text{Tweet}_{\text{post}}) < \text{Th}_-$$

**コラム 1**

### ソーシャルビッグデータ研究センター

ソーシャルビッグデータ研究センター[62]は首都大学東京の研究センターの一つである。ソーシャルビッグデータ研究センターでは，これまで十分に研究されてこなかったソーシャルビッグデータに関する汎用的な理論とモデル化の仕組みを構築していくため，①時間・空間・意味情報の分析可視化基盤，②ソーシャルデータからの情報抽出に必要なスケーラブルで頑強な自然言語解析技術，③統合分析に必要な複数データソース間の関係性の発見技術，④ソーシャルデータの収集・処理も含めた並列可視化技術の研究・開発をおもなテーマとしている。

本研究センターの特色は，ソーシャルデータを媒介として，実世界データから新しい価値・知見を発見し，利活用するための統合基盤の提供であり，先進的で実用的な目的を持つ。特にこれまで十分に研究されてこなかった疑似相関[1]に光を当てる点で独創性があり，加えて大学の国際的強みを活かして強化中のビッグデータ分野のさらなる進化にも寄与する。またビッグデータの利活用を通して，大学の理念の一つである「ダイナミックな産業構造を持つ高度な知的社会の構築」にも寄与する。さらには，防災や観光分野の大都市における諸課題の解決に研究成果を適用することで，大学の理念および大都市東京の重要課題である「都市環境の向上」に寄与することができる。

22   1. ビッグデータ

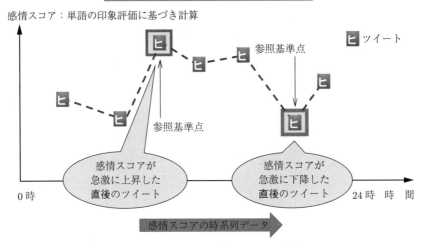

図 1.12 ツイートの感情スコアの変化

【統合分析】 ある場所について，多数の異なる利用者の印象変化の結果を集約することにより，その場所の価値（満足度）を判定する。

具体的には「＋」変化の総数と「－」変化の総数の合計に対する，「＋」変化の総数の割合を計算し，その値でランキングして「掘り出し物」スポットを発見する。同様に「＋」変化の総数の代わりに「－」変化の総数を使って，「がっかり」スポットを発見する。

個人の期待度の計算では，行動経済学（コラム 2 参照）における，個人によって異なる参照基準点の考え方に類似した方法をとる。すなわち個人の絶対的な評価値でなく，その個人の中での評価値の変化をとる。また行動経済学における損失回避という側面でも，あらかじめ「掘り出し物」や「がっかり」を探し出すことは利用者にとってとりわけ重要となる。なおこのケースは「シンクロソロ分析」の例である。

### 1.7.2　ケース 2―観光応用：トピックの地域的影響

（異種ソーシャルデータ × クラスタリング＆グラフモデル）

あるトピック（例えばスカイツリー）に関連してどのような言葉（観光地や生物季節観測）が使われるかを調べて，なおかつ位置情報も利用すれば，トピックがその周辺に対してどういう関わり方をしているか分析できる。そこで単一のソーシャルデータ（Twitter）を対象とする。このケースも「シンクロソロ分析」の例である。

【統合仮説】 ソーシャルメディアの中で使用される言葉には地域的偏り（バイアス）が存在する。そこで特定のトピックと関連が深い単語を発見し，そのような関連語を多く含む領域を，トピックに地理的に近い領域で同定する[63]。

仮説生成の手順は以下のようになる。

ここでは，ツイートをタプルとして表現する。まず DBSCAN（2.5.4 項参照）という手法でクラスタを作成する。

```
cluster(select MorphologicalAnalyser(Tweet) w contains トピック) DBSCAN Eps MinP;
```

各クラスタに含まれるグリッド（grid）ごとに以下を行う。

```
関連語grid ← biasedLexRank(ApplyFunction(select MorphologicalAnalyser(Tweet) w
    within grid & contains トピック) Make_共起ネットワーク) トピック;
```

ここで MorphologicalAnalyser は，例えば「桜は美しいです。」という文を構文要素「桜（名詞）」，および「は（助詞）」，「美しい（形容詞）」，「です（助動詞）」，「。（句読点）」に分割する。その結果は構文要素の集合になる。

select は SQL と同様に w（where）以下の選択条件を満たす要素からなる集まりを返す。

 コラム 2

### 行動経済学

行動経済学は，従来の経済学とは異なる前提のもとに提唱された経済学である[64]。行動経済学では，そもそも人は必ずしも合理的に行動しないということを大前提とする。それに対して従来の経済学は経済人（homo economicus）が合理的行動をすることを前提とする。

例えば行動経済学で想定する「人（human）」は以下のようにいくつかのバイアス（bias, 偏り）を持つ。

- 効用（価値）を主観的に評価する。
- 利益より損失（しないこと）を重視する。
- 遠い未来より近い未来（あるいは現在）を重視する。
- 社会的な影響を受けやすい。

さらに選択の自由を保証しさえすれば，ちょっとした仕掛けで人は誘導しうる（nudge）。行動経済学を構築することに貢献した研究者ダニエル・カーネマン（2002 年）とリチャード・セイラー（2017 年）はノーベル経済学賞を受賞している。

行動経済学の観点からソーシャルビッグデータを捉え直せば，ソーシャルビッグデータでは対象に偏りがあることを理解したうえで，それを排除するのではなく，うまく利用することを考えることができる。

ここでは「within grid & contains トピック」で「指定されたグリッドに含まれ，かつ特定のトピックを含む」という条件を指定する。

cluster は指定されたアルゴリズム（DBSCAN）を用いてクラスタリングを行う。Eps はクラスタ間の距離を制御する閾値パラメータであり，MinP はクラスタ内のデータ数を制御する閾値パラメータである。クラスタリングの結果はクラスタ（集合）の集まりである。

ApplyFunction は指定された関数「Make_共起ネットワーク」を集まりの要素に対して実行する。

具体的には，特定の観光資源名（ここではスカイツリー）をトピックに設定し，それを含む位置情報付きのツイートを，グリッドを単位として DBSCAN を用いてクラスタリングする。つぎにクラスタを構成する各グリッド内で発信されたソーシャルデータ（ツイート記事本体）に含まれる単語の共起関係に基づいて，単語のネットワーク（グラフ）を作る。さらにそのネットワークに対して，biasedLexRank[65] と呼ばれる手法で特定のトピック（スカイツリー）から重要度を伝搬して，単語とトピックとの関連度を計算する。そして重要度の高い関連語を選んで分析する。

【統合分析】 クラスタ内に含まれる各グリッドの上位 20 位までの関連語（例えば桜）を求めて，それらを含むツイートを集める。そのようなツイートを分析することで，トピック（観光資源名）の，グリッドに対する影響，関係性がわかる。図 1.13 にスカイツリーをトピッ

図 1.13　スカイツリーと桜

クにして求めた関連語としての桜を含むツイートが多く見つかるグリッドとその証左としての投稿写真を示す。

結果の妥当性の検証には，他のソーシャルメディア（例えばFlickr画像やWikipedia）を用いる。その結果，同定されたグリッドには，このケースでは桜とスカイツリーが一緒に見られる場所が含まれていることが確認できる。

このケースは，一つのソーシャルデータから得られた結果を他のソーシャルデータで確認するという意味で，複数のソーシャルデータを逐次的に利用するシンクロ分析の例である。

### 1.7.3　ケース3—観光応用：観光資源名の意味

（ソーシャルデータ＆オープンデータ ×Word2Vec）

例えば東京には東京タワーがあるが，大阪では東京タワーはなにに相当するだろうか。あるいは横浜にはベイブリッジがあるが，神戸ではそれは一体なにに相当するのだろうか。こうした疑問に定量的に答えられれば，例えば，旅行者の訪問先をまとめて広域で観光地作りを計画するデスティネーションマネジメント（destination management[66]）といった応用に役立つであろう。こうした観光資源名の特徴を抽出するために言語処理に適したWord2Vec（コラム3参照）という手法を用いる。

【統合仮説】　観光資源名（オープンデータ）を多く含むツイート（ソーシャルデータ）に現れる語彙を，テキスト上でのたがいの近接性を考慮して学習することにより，観光資源名の特徴を抽出できる。さらに得られた観光資源名の間で演算ができる[67]。

ここでは，ツイートをタプルとして表現する。以下の手順で観光資源名を学習する（仮説生成）。

```
(ApplyFunction
 (union
  (select MorphologicalAnalyser(Tweet) w contains 観光資源名 fetch 500)
  (select MorphologicalAnalyser(Tweet) w not contains 観光資源名 fetch 500))
 Word2Vec)
```

ここでMorphologicalAnalyserは構文解析を行い，単語の集合を返す。unionはSQLと同様に集まりの和を作る。Word2Vecは機械学習のアルゴリズムの一種である。位置情報付きTwitterデータ（ソーシャルデータ）を一定期間収集し，それを使って単語を学習する。ただし，このケースでは位置情報は使わない。

---

**【統合分析】** オープンデータなど別のデータを用いて作成したリストを条件として，ソーシャルデータを検索するところに統合処理が行われる．

---

国土交通省の観光資源データ（オープンデータ）やトリップアドバイザーなどの旅行サイトを参考にして観光資源名のリストを作成する．およそ 8 か月にわたり収集したツイートから，このリストにある観光資源名を含むツイートを 500 件選択（fetch）し，さらに観光資源名を含まない同数のツイートを選択し，それらに含まれる単語を機械学習の Word2Vec（コラム 3 参照）によって学習させる．すなわち各ツイートを構成する形態素の集まりに対して Word2Vec を順次適用する．実験では Word2Vec のパラメータ（上記手順では省略）として，準備的実験により，次元を 400，およびモデルを Skip-gram モデル，正規化を階層ソフトマックス関数，window サイズを 5 とした．

結果の妥当性は Web などで確認することにした．ここでは単語ベクトル間の類似性は，コサイン類似度（余弦尺度）を利用することにする．

 **コラム 3**

### Word2Vec

ここで用いる Word2Vec[68]は入力層，中間層，出力層の 3 層ニューラルネットワークの一種である．分析者は中間層（隠れ層）の次元を指定する．次元はニューロンの数に対応する．学習において，入力層の単語 $W(t)$ に対する出力層では，その単語の近くに現れる単語 $W(t \pm i)$ の確率が高くなるよう，中間層の重みを計算する．この重みを単語の特徴ベクトルとみなす．特徴ベクトルの間には線形演算（和，差）を含めた演算ができるのが特徴である．図に Word2Vec の Skip-model を示す．

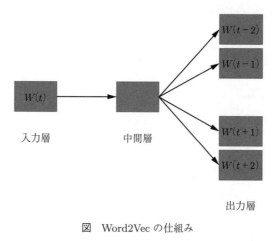

図　Word2Vec の仕組み

例えば以下の式を例にしてみよう。

　　X-「横浜」+「神戸」

この式でX=「横浜中華街」として計算した値と最も類似する観光地名（単語）として神戸にある「南京町」が得られる。またX=「横浜ベイブリッジ」とすれば，明石海峡大橋が最も近いことがわかる。

このケースは，オープンデータを用いてソーシャルデータを絞り込むという点で，ソーシャルデータとオープンデータを逐次的に用いたシンクロ分析の例である。

### 1.7.4　ケース4―観光応用：見頃推定（ソーシャルデータ&オープンデータ×時系列分析）

桜や紅葉などは，四季がはっきりした日本の風景を象徴するものの一つである。それはまた外国人旅行者を引き付ける日本の魅力となるものである。それらの見頃が推定できたら外国人旅行者にとっても有用な情報となる。現状でWebサイトの多くはガイドブックの形式で関連情報を提供している。しかしながらそれらの更新の頻度が低い場合が多い。また地方自治体や観光協会，旅行社も観光の目的地に関する情報を提供するが，それぞれ関連しておらず，観光地の「旬な情報」を旅行者が効率的に収集するのは難しい。ここでいう「旬な情報」とは旅行や防災にとって必要な情報であり，花の見頃や祭り，局地的な雨などの情報がその具体例となる。

各地域で桜や紅葉のような季節に強く関係する生物の見頃を推定する方法を説明する。ここでは観光者にとっては遠い予測より，現在に近い推定に興味があると仮定する。見頃の推定には大量のデータを必要とする。そこでそうしたデータとしてツイートのデータを用いる。日本では気象庁の管区気象台などが，桜などのはじまり（開花）と盛り（満開），あるいはアジサイの開花（満開についてはない）について発表している。これらのデータを気象庁では生物季節観測（情報）という。これらはオープンデータであり，実世界データでもある。この報告は気象管区ごとに1か所（観察する標本木のある地点，東京都は千代田区）のみなので，例えば東京都全体（観測地点で代表される）を代表する情報にはなっても，より細かい地点（例えば新宿御苑）の情報を忠実に表しているとは限らない。そこでソーシャルデータ（ツイート）をもとに生物季節観測に含まれる情報だけでなく，関心のある地域を含むさまざまな粒度で，桜の満開を推定することにした[69]。

生物季節観測としてここでは花や虫を関心の対象とする。開花や虫の鳴き声を見聞きしたりしたことを，人々が投稿することが事象になる。桜の開花や盛りなどは人々によってTwitterに投稿されると，時間・位置情報付きソーシャルデータになる。

桜の開花や盛りを専門家が観察することも事象になる。生物季節観測は，花（ソメイヨシノなど）の開花や鳥（うぐいすなど），虫（にいにいぜみなど）の鳴き声に関して，日本全国

にある58気象台（2017年時点）が初観測した日のデータを公開するオープンデータである。

ソーシャルデータの件数の時系列とオープンデータの件数の時系列はバースト（日単位）に関して広義の疑似相関を示す。それにより以下のようなことが可能となる。

- モデルを構築することにより，ソーシャルデータのみから正確な見頃時期を知る。
- 生物観測（気象台単位）より小さい粒度（例えば新宿御苑）の見頃時期を知る。
- オープンデータにはない花（例えばひまわり）の見頃時期の推定へ展開する。

---

【統合仮説】 生物季節観測（桜，紅葉など）に関連する地域のツイートの時系列データに関して，複数の異なる期間についての移動平均を適切に組み合わせると，その生物の見頃が推定できる。

---

仮説の生成手順は以下のようになる。

```
ApplyFunction(
 ApplyFunction(
  partition(
   select DB_tweet w Date (2014, 2015) within "Tokyo" & MorphologicalAnalyzer (Text)
    contains (Sakura) p(Date) )
  Count)
 Best-viewing-time sequential)
```

まず日本全体で一定の期間（年単位）データを集める。つぎに位置情報（緯度，経度）から逆ジオコーディングで求めた地名（東京都など）ごとに，テキスト解析後のテキスト内で対象語（さくら）とその類義語（桜，サクラなど異綴同義語を含む）を含むツイートを，`partition`を用いて日単位（`p(Date)`は同一日であることを指定する条件）でそれらの件数を集計し，時系列データにしたものを対象とする。

時系列分析では，ある地域についてデータの移動平均（1年間，7日間，5日間）を計算し，条件（前日 ≧ 1年平均 かつ 5日平均 ≧ 7日平均が3日以上続く）をチェックし，その条件が成り立っている期間を見頃（盛り）と判定する。`Best-viewing-time`が分類器（見頃判定）を実現する。`sequential`は時系列データに分類器を逐次適用することを指示する。

ここで1年平均は，1年という周期の中に多くの見頃が存在するためであり，7日平均は土日などに投稿が多くなる周期性を考慮しており，5日平均はこれまでの統計に基づく桜の開花から見頃までの日数の平均である。さらに継続日数は最も短い移動平均の日数である5日の半分（2.5日）以上の3日とした。

**【統合分析】** 桜のように生物季節観測データ（オープンデータ）がある場合について，オープンデータを用いて見頃判定のチェックをして推定結果の検証をする．

より狭い範囲（例えば新宿御苑）については，観光資源名を条件としてツイートを検索し，時系列データを作成して，満開日を得る．その場合の推定結果は他のソーシャルメディア（例えばFlickr画像など）やWeb全般を用いて検証する．

ただしTwitterの数が十分集まらないような，桜の咲く場所（例えば地元の小さな公園など）については，推定そのものができない．そこで，推定をしようとすれば，その周辺のデータを用いて補間することが必要になる．補間方法にはクリギング（コラム4参照）などがある．

 **コラム4**

### クリギング

SNSの普及により，実世界の事象を反映するリアルタイムなデータが取得可能となった．特に，緯度・経度情報が付加された位置情報付きソーシャルデータはソーシャルデータの時空間分析を行う際に非常に有用なデータであるが，一般に各種SNSに投稿されるデータ全体に対して位置情報付きデータの割合は小さい．そのため地域や場所によって分析対象となるデータ数が不足し，時空間分析が困難となる状況が存在する．

そこで，周囲の地点で観測された値に基づいて，観測したい地点の値を推定する補間手法が用いられる．例えば，気象庁の地域気象観測システムであるアメダス（automated meteorological data acquisition system : AMeDAS）は，雨，風，雪などを監視するために，降水量，風向，風速，気温，日照時間の自動観測を行っている．アメダスは，日本全国に約1 300か所（約17 km間隔）設置されている．しかし，離散的な地点での観測であるため，観測していない地点の気象を知るには，観測していない地点の周囲にあるアメダス（観測地点）の値を利用して算出する．このように周りの既知の値から，値がわかっていない地点の値を導き出すことを補間（内挿）と呼ぶ．

ここでは補間手法の一つであるクリギング（kriging）[70]を紹介する．クリギングは地質学の分野において対象地域の鉱物量を予測するために発展してきた地球統計学的手法である．現在では空間データ分析においてさまざまな分野への応用が進められている．ソーシャルデータにおいても時空間分析への応用が期待される．

例として，東京都内の観光スポット（高尾山，昭和記念公園，新宿御苑，六義園）において，2017年3月から4月の桜に関連するツイートの補間例を示す．$\lambda_i$については，約100 m四方に区切ったグリッド内での対象語（桜，さくら，サクラ）を含むツイート数をもとにして，べき乗モデルによりバリオグラム（variogram）を算出した．算出したバリオグラムを用いて式(1)のクリギングにより観光スポット周辺のツイートによる空間補間を行う．$S_0$：予測地点，$N$：観測地点数，$\lambda_i$：$i$番目の地点における加重，$Z(S_i)$：$i$番目で観測されたツイート数とする．

$$\hat{Z}(S_0) = \sum_{i=1}^{N} \lambda_i Z(S_i) \tag{1}$$

実際のクリギングによる補間例を図に示す。黒色の棒グラフは，観光スポット名と対象語のいずれかが共起したツイート数である。一方で，灰色の棒グラフは，クリギングにより周辺の対象語を含むツイートによる補間結果である。

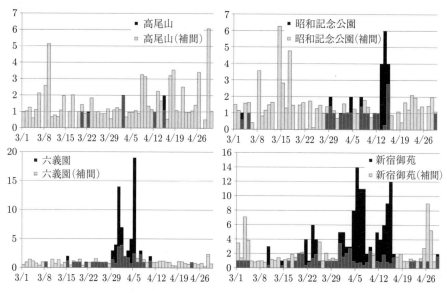

図　クリギングによる補間例

　高尾山は，観光スポット名と対象語が共起したツイート数が少ないため，補間なしの場合はピーク期の特定は困難である。補間を用いることで分析期間を通しての傾向を掴めるだけでなく，観光スポット名と対象語が共起するツイートからだけでは捉えることができなかった，寒桜や遅咲きの桜のピークを捕捉している。

　昭和記念公園と新宿御苑は，補間なしでもピーク期を捉えることには成功している。しかし，補間を用いることで，昭和記念公園と新宿御苑の3月初旬の寒桜や新宿御苑における4月下旬の黄色い桜である珍しい品種のウコン（鬱金）のピークを捉えている。これは，ソーシャルデータの分析において空間補間を有効利用することで，分析対象とした観光スポットなどで特徴となる希少な情報の取得が可能であることを示唆している。

　六義園は，周辺地域の桜に関連する情報量より多くのデータが観光スポット自体で得られているため，六義園へのピーク期に関する補間効果は少ない。しかし補間により地名や店名などから発生する定常時の情報量を取得できている。そのため定常時の情報量を分析で考慮することで，より精度の高いピーク期推定や特徴的な事象を捉えることが可能となる。

　以上の通り，ソーシャルデータの分析は，空間補間を用いることで分析対象の多角的かつ高精度な分析につなげることが可能となる。しかし分析対象となるデータセットの性質を理解したうえで補間結果のさらなる分析を行うなど，補間結果の正当性の検証は十分に行う必要がある。

　ここで紹介した地球統計学的手法のクリギングによる補間だけでなく，決定論的方法と呼ばれる補間手法もある。これは，予測地点と観測地点間の距離のみ考慮し，予測地点と観測地点との空間的な配置は考慮しない手法であり，IDW (inverse distance weighted), Natural Neighbor, スプライン（Spline），トレンド（Trend）などが挙げられる。

このケースはソーシャルデータで得られた結果をオープンデータで検証するという逐次的なシンクロ分析の例である。図 1.14 は東京都内で投稿された，桜を含むツイートの件数を日ごとに集計した結果としての時系列データである。併せて 1 年平均，7 日平均，5 日平均のデータも表示した。

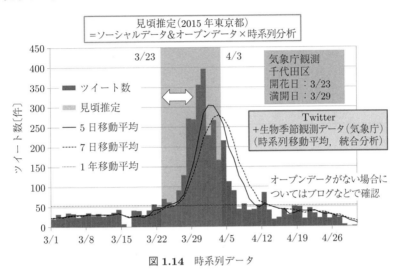

図 1.14　時系列データ

### 1.7.5　ケース 5—観光応用：Free Wi-Fi スポット設置候補

（異種ソーシャルデータ × 統合分析）

日本を訪れる外国人観光客の多くが日本で不便に感じるものの筆頭が，インターネット接続環境の悪さである。その有望な解決策の一つが簡単にアクセスできる Free Wi-Fi スポットの設置である。だからといって，費用対効果を考えれば，無計画に設置するわけにはいかない。そこで優先的に設置すべき候補地を見つける必要がある。そのために異種ソーシャルデータ（Flickr, Twitter）を利用する[71]。

---

【統合仮説】　異なる特性を持つソーシャルデータ（Twitter, Flickr）を組み合わせると目的の場所（Wi-Fi スポットの新規設置場所）が発見できる。

---

以下の手順で仮説を生成する。

```
DB_{T/Visitor} ← 訪日外国人の投稿したツイート；
DB_{F/Visitor} ← 訪日外国人の撮影した投稿写真；
T ← partition (DB_{T/Visitor} p(Grid))；ツイートの集合をグリッド（Grid）ごとに分割する。
F ← partition (DB_{F/Visitor} p(Grid))；写真の集合をグリッド（Grid）ごとに分割する。
Index1 ← select-Index (i:Index T w Density(i) >= th1)；ある閾値 th1 以上の記事密度がある
グリッドのインデクス集合を求める。
Index2 ← select-Index (j:Index F w Density(j) >= th2)；ある閾値 th2 以上の写真密度がある
```

32    1. ビッグデータ

> グリッドのインデクス集合を求める。
> Index3 ← difference (Index2 Index1); 写真だけ多くとられ，ツイートの投稿が少ないグリッドのインデクス集合を得る。

ただし上記の疑似コードはユニークユーザを考慮していない。

ツイートによる，訪日外国人である判定は，外国人（プロフィール情報に含まれる言語とツイートのおもな記述言語の一致）であり，なおかつ日本での滞在期間が 29 日以内で一定数以上の発信があり，滞在期間前後 16 日は日本で発信がないことを条件として行う[72]。

Flickr による，訪日外国人の判定は，プロフィール情報に登録している，ユーザ自身が設定した居住地設定をもとに行う。

【統合分析】　分析には，二つのデータの性格の違いを利用する。

Flickr の利用者は，関心のある事物や風景を撮影し，その写真をサイトにアップロードする。その場でインターネット接続環境があれば，アップロードすることができるが，そうでなければインターネット接続があるホテルや飲食店など別の場所でアップロードする。その写真は少なくとも撮影者の関心を含み，撮影時間と撮影場所に関する情報が付加される。

一方で，Twitter の利用者は，発表したいこと（関心，意見，感想など）をその場で投稿する。言い換えれば，投稿場所には少なくともインターネット接続環境があることを示す。

まず Twitter と Flickr ユーザから訪日外国人を選択する。Twitter については，登録言語と実際に記述に使用される言語が一致し，短期で日本に滞在するユーザだけを対象にする。これが Twitter から得られるインバウンド旅行者の集合になる。Flickr では居住地が日本以外のユーザだけを対象とする。これが Flickr から求めたインバウンド旅行者の集合になる。

それぞれ 30 m グリッド（Wi-Fi の電波強度を考慮）内のユニークユーザ数をカウントし，閾値以上のグリッドを残す。実際には関心領域全体で，グリッドごとのカウント数の合計を 1 となるように正規化して用いる。これを Twitter と Flickr で別々に行う。一連の処理を経て，Flickr では残ったが Twitter では残らなかったグリッドに注目する。そのようなグリッドは外国人旅行者には関心があるが，旅行者にとってインターネット接続環境がない，あるいは十分でないことを示していると考える。この結果の妥当性は実地調査で確認する。これは二つのソーシャルデータを並列的に利用するシンクロ分析の例である（コラム 5 参照）。

図 1.15 に Flickr と Twitter の分析から，大さん橋が Wi-Fi 設置場所の候補となることを示す（実験実施時）。

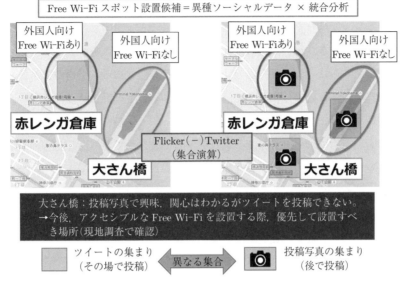

図 1.15 Free Wi-Fi 設置場所候補

 **コラム 5**

### 差分は仮説生成に遍在する

統合的な仮説生成においては，差分がよく現れる．これまで述べてきたケーススタディを使ってそのことを説明しよう．

(1) **異なるデータ集合について差分をとる** 例えば Free Wi-Fi スポットの設置場所候補を探す場合に，Flickr 投稿画像に基づき判定した，多くの外国人が関心を持つ場所の集合から，Twitter 投稿記事（ツイート）に基づき判定した，外国人が頻繁に投稿する場所の集合の差を求める．

さらにゲノム全体に対する相関解析の手法は，ケーススタディには含まれていないが取り上げる．この手法では，ゲノム集合を，遺伝子の変異によると思われる疾患を持つ患者のゲノム集合と非患者のゲノム集合とに分け，それらの差分を求めることで，遺伝子の変異がある場所（正確には SNP と呼ばれる）の組み合わせを同定する[1]．

(2) **同一データに異なるモードを適用して作られた複数の異なるデータについて差分をとる**
例えば，まず桜を多く含むツイートの日ごとの件数の時系列データに対して，三つの異なるモード（①5日移動平均，②7日移動平均，③1年移動平均）を適用して3種類の時系列データを作り出す．つぎにこれら3種類の時系列データの日ごとの値の差をとって3日間連続で上回る（すなわち①＞②＞③）期間が桜の見頃の期間と推定される．

(3) **同一データの異なる時点の差分をとる** 例えば，ツイートの時系列について，それぞれのツイートの感情スコアを，それに含まれる単語の印象評価の平均値として求める．ある場所への訪問を基準にしてその前後で感情スコアの差分をとり，あらかじめ決められた閾値を用いて気分の変化（満足度）を判定する．

### 1.7.6 ケース6—防災応用：危険避難路発見

（ソーシャルデータ&オープンデータ × グラフモデル）

大地震が起こったとき，現在地（密集地）から避難所までの人の移動によって，新たな密集地が発生する．さらにそれらは避難の妨げになる可能性もある．交通の要路であれば，密集の度合いも高い．また自治体によって，ある地域はもともと災害時の活動困難度が高いと見積もられている．そこでツイート（ソーシャルデータ）と道路網（OpenStreetMap，オープンデータ）を利用して求めた混雑度と東京都から公表されている災害時活動困難度（オープンデータ）をもとに，危険度の高い経路を抽出することにした[73]．

---

**【統合仮説】** ソーシャルデータ（Twitter）とオープンデータ（道路網，避難施設，活動困難度）を組み合わせて分析すると危険度の高い避難経路が抽出できる．

---

```
INDEX(c,e) ← Make-crowded-evacuation-area (DB_tweet, Gaussian)
FAMILY_path ← Make-indexed family (INDEX(c,e) pgRouting)
危険度 ← normalize(密集度)+normalize(媒介中心性)+normalize(活動困難度)
```

手順は以下のようになる．

```
{経路 path} ← 密集地 c から避難施設 e への経路探索; 経路の集合を求める
(整列
    (ApplyFunction {経路 path} 危険度計算
        (危険度: normalize(密集度)+normalize(媒介中心性)+normalize(活動困難度))
危険度)
```

関心領域全体で，長期にわたり Twitter データを収集し，グリッド（500 m メッシュ）・時間情報（時間帯）別にユニークユーザ数をカウントする．その際グリッド境界での人の移動を考慮して，カウントは9個のグリッド間でガウシアンフィルタ（Gaussian filter）を用いて補正を行った結果を利用する．この値により密集地を決定する．

つぎに決定された密集地を出発点とし，国土交通省により提供されるオープンデータとしての避難施設（コラム6参照）を目的地とする移動を考える．まずオープンデータの一つである OSM の道路情報を使って，経路をグラフでモデル化する．つぎに密集地から避難施設へ移動するための経路の集合を求める．探索には pgRouting[74] を利用する．

さらに経路の危険度を以下のように計算する．まずソーシャルデータに基づき求めた密集地にいる推定人数や密集地の近傍にある避難施設の数，密集地から避難施設へ至る道路の数をもとにして経路の密集度を計算する．つぎにグラフモデルの上に現れる密集地近傍のノードから避難施設近傍のノードに至る経路の媒介中心性を計算する．さらに第三のオープンデータとして東京都により提供される町丁目ごとの災害時活動困難度（コラム6参照）をも

とに経路の活動困難度を求める。経路の密集度と媒介中心性，活動困難度をそれぞれ正規化（normalize）して合計し，最終的に経路の危険度を計算する。図 1.16 に新宿において危険度の高いルート（楕円で囲まれたルート）を検出した例を示す。

図 1.16　危険ルートの検出

 コラム 6

### 避難施設と災害時活動困難度

（1）**避難施設**[75]　国土数値情報は，国土形成計画や国土利用計画の策定などの国土政策の推進を目指して，地形や土地利用，公共施設などの国土に関する基礎的情報を，国土交通省が GIS データとして整備したものである。そのうち公開できるデータが，地理空間情報活用推進基本法などを踏まえて，XML 形式のオープンデータとして提供されている。避難施設情報もそれに含まれる。

（2）**災害時活動困難度**[76]　東京都は，東京都震災対策条例に基づき，おおむね 5 年ごとに地域危険度測定調査を行っている。7 回目の調査では，都内の市街化区域の 5133 町丁目について，各地域における地震に関する危険性を，建物の倒壊および火災について測定した。本調査では地震の揺れによる以下の危険性を町丁目ごとに測定している。データは XLS で提供されている。

- 建物倒壊危険度（建物倒壊の危険性）
- 火災危険度（火災の発生による延焼の危険性）
- 総合危険度（建物倒壊や延焼の危険性）
- 「災害時活動困難度」を考慮した危険度（災害時の避難や消火，救助などの活動のしやすさ（困難さ）を考慮した危険性）

【統合分析】 統合処理の観点からは，一つのソーシャルデータと三つのオープンデータを組み合わせて三つの指標を計算して，それらの結果を総合して経路の危険度を算出する．すなわちこのケースはソーシャルデータとオープンデータに基づく経路の発見，およびソーシャルデータとオープンデータによる危険度の集約を逐次的に組み合わせたシンクロ分析の例となっている．得られた経路の危険度に関する分析結果の妥当性は，ローカルなパブリックセクタ[77]などの情報で確認する．

### 1.7.7　ケース 7—科学応用：中央丘クレーターの発見
　　　　（オープンデータ（実世界データ）× ディープラーニング）

科学データは実世界データの最たるものである．そのうちオープンデータとなっている科学データを対象にして筆者らが行った科学的研究を取り上げて，統合分析について説明しよう[78]．

JAXA の打ち上げた月周回衛星である「かぐや（SELENE）」によって月の表面の詳細な地図がもたらされた．もちろん，かぐやの目的は月面の地図の作成にとどまらない．その最終的な目標は，月の起源と進化の解明につながるデータの収集にある．そうした目的をさらに追求するためには，月の内部構造を調べることが重要になる．

月の内部構造を調べるための方法の一つとして，月で起こる地震（月震）のデータを分析することが挙げられる．NASA のアポロ計画によってもたらされた月震のデータをもとにして，月震の震源を分類する研究も行われている．そうした研究の中には，地震波そのものを使わずに，月と惑星間の距離などの特徴量のみでも月震の分類が可能であることを示した筆者らの研究も含まれる[79]．

もう一つの方法としては，探査機を使って月の内部構造を直接探ることが考えられる．しかしながら，月面ならどこにでも探査機を着陸させればよいわけではない．それは月探査に使用できる予算などの資源には，当然のことながら限度があるからである．言い換えれば探査機の目標として有効な地点をエビデンス（証拠）に基づいて決定する必要がある．このように，限られた資源のもとでエビデンスに基づき有効な計画を立案することを，一般に EBPM (evidence-based policy making) という（コラム 7 参照）．

一方，月には大小多数のクレーターが存在している．その中には，「中央丘」という特殊な自然構造物を有するクレーター（以下「中央丘クレーター」と呼ぶことにする）が存在している（図 1.17 参照）．この中央丘は，月面に表出しているが，月地殻内部の物質がそこに露出している可能性が高いという科学的に重要な特徴がある．すなわち，中央丘の表面の探査

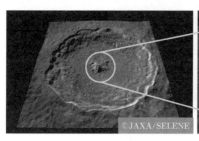 

図 1.17　中央丘クレーター

によって，比較的容易に周囲の内部地殻の物質を分析することができるようになる。これにより，クレーターおよび中央丘の成因が推定できるだけでなく，過去の月面の表層環境や地殻変動の過程が推定できることが期待される。

しかしながら中央丘クレーターを探査目標とすることに関しては，従来から中央丘の存在確認が専門家の画像目視により行われてきたため，中央丘クレーターとして知られているクレーターの数自体が少ないという問題点があった。この問題点を解決するためには，中央丘クレーターの発見を自動化し，中央丘クレーターを集めたカタログを作成することによって，探査地点候補としての中央丘クレーターの数を大幅に増加させることが考えられる。

よって本ケースでは，中央丘クレーターのカタログ作成を最終目標とし，そのための中央丘クレーターの自動的発見手法を提案している。このケースにおいては，JAXA の月周回衛星「かぐや」の観測によってもたらされた月面の数値標高モデル（digital elevation model：DEM）[80]を用いる。DEM の画像的特性に着目することにより，人工知能（artificial intelligence：AI）として脚光を浴びるディープラーニング（deep learning）の一手法である CNN（convolutional neural network，畳み込みニューラルネットワーク，図 1.18，コラム 8（詳細は 2 章参照））を適用して判別モデルを構築し，実験により構築されたモデルによる中央丘クレーター判別可能性を検証する。

 コラム 7

### EBPM

複数の政策オプションの中から選択する際に，現在最も有益なエビデンスを誠実かつ明確に活用することである[81]。ソーシャルビッグデータに対しては統合的分析手法を適用し，量的，質的なエビデンスに基づいて，集団（人，モノ）の行動様式を把握することで有効な政策立案を行えるようにすることと言い換えられる。すなわち調査分析によって，事前にどこにどれだけ，どんな需要や必要度があるのか，定量的，定性的に把握することで，行政などにとって重要な領域において効果的な施策や投資の成功につなげることができる。

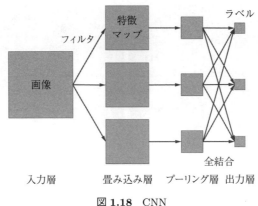

図 1.18 CNN

---

【統合仮説】 以下のように 2 ステップからなる手順により，中央丘クレーターを判別する。

1) RPSD 法により月面上のクレーター抽出
- デジタル地形モデルのための回転ピクセルスワッピング法（rotational pixel swapping for DTM：RPSD）を用いてクレーターを抽出する。DTM（digital terrain model）は，数値標高モデル（DEM）と同様な数値地形モデルである。RPSD 法は，DEM の画像をある点で回転させた際の回転対称性，すなわち円状の構造物の持つ特徴（本研究では月面 DEM においてクレーターの縁から中央に向かって負の勾配があるという性質）に着目し，円状の構造物（すなわちクレーター）を判別する。

2) 抽出したクレーターから中央丘クレーターをディープラーニングの一種である CNN により自動判別
- 一般にディープラーニングの出力フェーズにおいては，「各出力ノードが入力された値に重みを乗算し，それらの総和をとった後でバイアスを加算し，その結果を出力する」処理を各層ごとで順方向に進めていく。
- 一般にディープラーニングの学習フェーズにおいては，判別の出力結果と正解との間の誤差の最小化問題として，逆方向に誤差関数を各層の重みおよびバイアスで微分することにより，重みとバイアスの値を更新する。

---

【統合分析】 具体的には，まず回転ピクセルスワッピング法を用いて，各クレーターの DEM データを抽出し，それらにラベル（非クレーター，および非中央丘クレーター，中央丘クレーター）の付与を行い，正解データを作成する。こうして作成された正解データを用いて CNN モデルの学習を行った後，学習した CNN により中央丘クレーターの判別を行う。判別結果

の再現率（得られるべき正解がどれだけ含まれるか）に注目した実験によって，中央丘クレーター判別において CNN が有効な手法になる可能性が確認できた。

## 1.8 本書で学んでほしいこと

### 1.8.1 データサイエンティストとデータエンジニア

ビッグデータ時代のデータ分析や応用に携わる者は，伝統的な呼び方でいえば，データサ

 **コラム 8**

**CNN**

　まずデータマイニング，および機械学習，人工知能という隣接する技術分野の関係について改めて触れておく。データマイニングは分類やクラスタリングを用いて知識やパターンを発見することを目的とする。一方，機械学習はデータマイニングと手法的には重なりが多いが，判断や認識を行うためのモデル（分類器）の学習プロセスに焦点を当てる。また人工知能は人間の行う知的機能（推論や判断など）を計算機で再現することに主眼がある。以上の意味で，ディープラーニングはちょうど機械学習と人工知能の共通領域にあるといえる。

　一般に，ディープラーニングの一手法である CNN[82),83)] は，まずもとの入力（おもに画像）から，一つ以上のフィルタを適用して，種類の異なる特徴量を抽出する。この処理を畳み込み（convolution）という。この場合にフィルタの値が重みに相当する。畳み込みの結果で得られる値を特徴マップ（feature map）という。さらにこの特徴マップの値にバイアスを加えた結果を，活性化関数と呼ばれる関数（例えばステップ関数やシグモイド関数，ランプ関数など）を通して出力する。

　こうして出力された値について，周囲の複数の値と合わせて集約する。この処理をプーリング（pooling）という。集約の方法としてよく利用されるものに最大値をとる方法（最大プーリングという）がある。プーリング処理には情報を圧縮する役割（サブサンプリング，subsampling）がある。集約結果はそのまま出力する。畳み込み層とプーリング層のペアを複数用意することで CNN を多層化する。これがディープラーニングといわれるゆえんである。

　さらにこれらの結果を最終的にすべてのノードに結合して出力する。出力された値のうち，例えば最大の値を持つノードの番号（ラベルに相当）が判定結果となる。

　ここで別の観点から CNN を見てみよう。CNN におけるフィルタは一つのチャンネルに相当する。つまり一般に CNN はマルチチャンネルによる分析とみなすことができる。もとのデータ（個々のデータ）は一つであるが，各チャンネルを通して異なる特徴量が得られる。CNN はこれらを最終的に結合して，ラベルに対応する判別結果を出力する。つまり同一のデータソースから異なるデータ（特徴量）のコピーを作り，それらを結合するという意味で，CNN はミクロな統合分析といえる。それに対して，これまで説明してきた統合分析は，複数のデータソースを結合するという意味でマクロな統合分析になる。

イエンティストと呼ばれ，いまや引く手あまたの花形職種の一つである。そこで，こうしたデータサイエンティストに求められる能力や知識を改めて考えてみることにしよう。前著[1])でビッグデータ時代のデータサイエンスに関わる人に一通り身に着けてほしい項目のリストを示した。

そのリストには少なくとも以下が含まれる。

- 仮説の立案
- 仮説の検証
- ソーシャル・Web マイニング
- 自然言語処理
- 知識表現
- 可視化
- GIS（地理情報システム）
- 幅広い応用
- スケーラビリティ
- 倫理と法
- セキュリティ，プライバシー
- コミュニケーション能力（引き出す，理解，説明）

まず，上記のリストにはソーシャルマイニング，自然言語，GIS，スケーラビリティなど，ビッグデータ以前の伝統的なデータサイエンティストには必ずしも必要ではなかった能力や知識が含まれていることに注意が必要である。

一方で，最近ではさらにデータエンジニア（data engineer）という言葉も出現してきた[84])。ここでいうデータエンジニアは，データ管理を中心にした知識やスキルを持つべきであるとされる。もちろんデータエンジニアには最近のソーシャルビッグデータ応用に合わせて，統計学や機械学習の知識やスキルは必須である。

以下にデータエンジニアに求められるスキルと知識を示す。

- SQL，データベース
- データウエアハウス，ETL
- 分散並列計算（Hadoop など）
- 統計，機械学習
- システムアーキテクチャ，プラットフォーム
- プログラミング言語

これらの項目は，ソーシャルビッグデータとそれらを管理，処理するシステムのアーキテクチャの観点から，データエンジニアに求められる知識とスキルを見たものであり，筆者が

先に示した新しいデータサイエンティストに関するリストとは，表現こそ違うものの，いわばコインの両面といえる。これらには共通して本書で扱うことの多くが含まれている。

ちなみに1950年代にいまのビッグデータ時代のデータサイエンティストの出現を予測するような小説が書かれていた（コラム9参照）。

### 1.8.2 データサイエンティスト

それでは先述した新しいデータサイエンティストに求められる知識，スキルに関するリストの中にある項目ごとに，データエンジニアためのリストと関連させながら見ていくことにする。

以下では都合により項目の順番を変えて説明する。

- 仮説の立案
- 仮説の検証

仮説の立案にはデータマイニング，機械学習，人工知能の知識と能力がおもに求められる。一方，仮説の検証には統計学とデータ解析の知識と能力がおもに求められる。仮説立案と仮説検証は，古典的なデータサイエンティストに求められるコアな知識と技術であるが，前著[1])で説明したので本書では扱わない。

- 自然言語処理

テキストから単語の意味を学習する方法とテキストを単語に分割して処理する方法を，本章ではケーススタディの中で触れた。また自然言語処理で基本技術の一つになるベクトル空間モデルは前著[1])で説明した。

- 倫理と法
- セキュリティ，プライバシー
- コミュニケーション能力（引き出す，理解，説明）

以上の三つの項目もソーシャルビッグデータにとっては重要である。特に最後のコミュニケーション能力は，技術の専門家ではない応用分野の担当者とプロジェクトを推進するうえ

 コラム9

#### 科学技術と想像力

サイエンスフィクション（science fiction, SF小説）の作家たちの中には，作品の執筆当時は実現していなかったが，後に同様なものが実現されることになる技術や概念を，作家の想像力を駆使して描いた人たちがいる。例えばフランス生まれのSF作家であるジュール・ヴェルヌ[85])は，『月世界旅行』や『海底二万里』を書いたことで知られ，それらの作品の中で物語の重要な小道具としてロケットや潜水艦の原型を登場させている。現代に近いところでは英国生

まれのSF作家アーサー・C・クラーク[86]が，科学雑誌『Wireless World』への投稿記事[87]の中で静止衛星の概念を提唱したことは広く知られている。そしてそのクラークと並び称される米国のSF作家にアイザック・アシモフ[88]がいる。アシモフは，ロボットを題材とする一連の作品（『わたしはロボット』など）を世に著した。その中で現在注目されている技術である，ロボットあるいは人工知能（AI）のあり方に関して三原則を唱えたことで有名である。

一方，アシモフの作品にはこれ以外にも，一連の作品群としてファウンデーション（邦題：銀河帝国興亡史）シリーズというものがある。およそ70年も前に執筆が開始されたこの作品群の中で，現代のビッグデータ，ソーシャルデータの利活用に関する学問分野を彷彿とさせるような，新しい学問分野の誕生を予測している[89],[90]。それらの作品で展開される学問分野は，もちろん架空の学問分野（作品の中ではpsychohistoryと呼ばれる）ではあるが，作品に出てくる主人公が，ソーシャルビッグデータの前提ともいうべきいくつかの原則が存在することを述べている。そうした原則とその現代的な解釈を以下に述べる。

- **信頼できる予測をするためには膨大なデータが必要である**
  このことはビッグデータの概念そのものを表現しているといえる。モデルの学習にはビッグデータが前提であることはいうまでもない。
- **膨大なデータの処理には計算機が必要である**
  本シリーズが執筆された当時は，まだ計算機は普及していなかった。いまではビッグデータの高速処理には，逐次計算の効率化に加えて並列計算やGPU（graphics processing unit）の利用が不可欠である。
- **変数の追加がモデルの改善に役立つ**
  変数の選択は重要なステップである。回帰分析にしろ，分類にしろ，最低限必要な変数があり，それを一つでも削れば，モデルの精度は低下する。他方で属性が多ければそれだけ精度が向上するというわけではない。寄与率とともにたがいに独立性の高い変数を追加候補として考える必要がある。
- **予測の結果はYesとNoの二者択一ではなく，確率で示される**
  一般にはデータのクラス（またはカテゴリ）への帰属を決定する問題では，マルチクラス，マルチラベルや確率的帰属が基本である。
- **有意水準をもとに仮説の採択（または棄却）を判断する**
  有意水準は仮説採択の判断基準となる。
- **集団に関して信頼度の高い予測はできるが，特定の個人に関しては信頼度の高い予測はできない**
  あくまで仮説は集団としての統計的性質であり，特定の個人の行動を予測するものではない。
- **遠い未来の予測はできないが，近い将来の予測はできる**
  一般に，ある時点でのデータに基づいて学習したモデルは，時間の経過とともに，その妥当性を失っていく。

作家の想像力とは，その作品の中でまだ見ぬ未来のありうべき姿を，あたかも現実であるかのように生き生きと描き出すことかもしれない。アシモフはそうした能力に優れた作家の1人といえよう。

では不可欠ともいえる．しかしながら，これらについては本書の範囲を超えるので説明しないことにする．これらはそれぞれ関連する教科書で学んでほしい．

- スケーラビリティ

たとえデータ量やユーザ数が増加しても，それに応じて資源の増強をすることで，それ以前と変わらぬ十分なパフォーマンスを達成できるシステムの性質をスケーラビリティという．スケーラビリティにはシステムアーキテクチャやプラットフォームが強く関係する．

このスケーラビリティを達成するために，Hadoop のような並列分散計算の手法が有効である．Hadoop については，前著[1]で説明したので，ここでは Hadoop とは異なる実現方式として，Spark[91]というフレームワークで用いられている方式を紹介する．

Spark のシステムはラムダアーキテクチャ[92]というもので説明することができる．ラムダアーキテクチャは，以下のように三つのコンポーネントからなる．

- Batch
- Speed
- Serving

Batch はビッグデータをバッチ処理するためのサーバであり，具体的には Hadoop と同様な仕組みを提供する．言い換えれば，この部分は Hadoop で代用が可能である．一方 Speed はストリームデータのリアルタイム処理を提供するサーバを示す．Speed はストリームを小さい単位に分け（micro batch という），それをバッチ処理する．Serving は Batch と Speed へ問い合わせができるユーザインタフェースを提供する．図 1.19 にラムダアーキテクチャの基本概念を示す．2 章からは，これまで触れてこなかった，以下の項目に関する技術の部分を具体的に解説する．

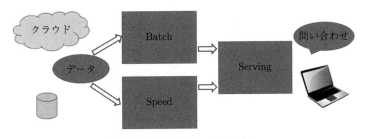

図 1.19　ラムダアーキテクチャ

幅広い応用を横糸として以下の項目（A 群）を説明する．

- ソーシャル・Web マイニング
- 知識表現
- 可視化
- GIS（地理情報システム）

データ管理，システム開発の側面からは，以下の項目（B群）を扱う。
- SQL，データベース
- データウエアハウス，ETL
- 統計，機械学習
- プログラミング言語

ここではA群の項目を中心して，関連するB群の項目を合わせて注釈をしておこう。

まず本書では，幅広いソーシャルビッグデータの中でも，特にソーシャルデータ，オープンデータを用いたWebGIS応用の開発（すなわちジオソーシャルビッグ）をおもなテーマとして，実践的な知識，技術を学習することを目指す。

ソーシャルビッグデータ利用の流れは前に書いた通りであるが，以下それに沿って関連する項目を説明する。

まずWebからAPIによって収集したソーシャルデータは，データの洗浄を含む加工，変換の後に，専用のデータベースにロードする（extract-transform-load：ETL）。特にストリー

 コラム10

### プログラミング言語の人気

本書で各種手続きを記述するのに用いるプログラミング言語は，以下の二つとする。

Python（1位）：機械学習・データ解析のライブラリが充実している。

JavaScript（7位）：Web開発全般で利用でき，どこでも動く。ライブラリも充実している。

ここで各言語に付けられた順位について説明しておこう。

これは『IEEE Spectrum』[93]という学術雑誌で，多様な観点から毎年行われるプログミング言語の人気度調査における総合ランキングに基づいた各言語の順位である。

では少し別の観点から人気度を見てみよう。GitHub[94]はソフトウエアのバージョンコントロールとリポジトリサービスを提供するソフトウエアプラットフォームである。GitHubを用いたソフトウエア開発において，発行されたpull Request（分岐として開発されたソフトのレビューやマージの要求）を分析することによって，よく利用されている（言い換えれば人気のある）プログラミング言語が明らかになっている[95]。その調査によって判明したよく使われるプログラミング言語の上位15言語の中で，各言語に付けられた順位は以下のようになる。

JavaScript（1位），Python（3位）

また機械学習やデータサイエンスのスキルを求める求人情報サイトにおけるトレンド調査（IBMブログ[96]）でも，これら二つのプログラミング言語はスキルとして求める求人数において高い増加率を示す。

Python（4位），JavaScript（5位）

以上のような調査結果を踏まえて，総合的観点からこれら二つの言語を手続きの記述用プログラミング言語として選択することにした。

## 1.8 本書で学んでほしいこと

ムデータではデータの発生順にデータを格納する．それらは削除をしない時系列データ（いわばデータウエアハウス）を構成する．そうしたソーシャルビッグデータを，応用に合わせて SQL コマンドによってデータベースから選択し，分析を行う．

ついでソーシャルビッグデータの分析には，基本的な統計，確率や機械学習，データマイニングと自然言語処理に関する知識と技術が不可欠である．具体的な処理の記述にはもちろんプログラミング言語が必要であり，本書ではプログラミング言語として JavaScript および Python を用いて，プログラムを併記する．なぜこの二つなのかの理由については，プログラミング言語の人気（コラム 10 参照）を参考にして決定した．

最後にデータ分析結果は応用に適した形で知識（ルール，決定木，クラスタなど）化したり，可視化したりする．

# 2 データマイニング・機械学習の基本技術

## 2.1 概論

　本章では，ソーシャルビッグデータに用いられるデータマイニングと機械学習の基本技術を説明する。はじめに，データマイニング（data mining）とは，簡単にいえば，大量のデータから知識やパターンを発見するための技術，そのための処理の総称である。また，機械学習（machine learning）とは，人間の行う判断をコンピュータで実現しようとする技術の総称である。これらは，ソーシャルビッグデータを分析するための主要な技術である。

　ソーシャルビッグデータでは，ビッグデータというだけあって，大量のデータを扱うことを前提とする。そのため，それを人手で処理するのは現実的ではない。そして，大量のデータを扱うためには，そのための知識が必要である。本章では，データの扱いやデータマイニング，機械学習についてデータマイニングを中心に概要を説明していく。

　本章の目的は，データマイニングなどの技術の概要を読者に理解していただくことである。しかし，本書の内容は，それらの内容をすべてカバーしているわけではない。もし，他の内容やより高度な内容を学びたければ，他の書籍なども参照するとよいだろう。

## 2.2 データマイニングとは

　はじめに，データマイニングという用語について説明する。現在，データマイニングは，実世界のさまざまな場面で用いられている用語である。そして，データマイニングは，以下のように説明されている。

- データマイニングは，データからパターンを抽出するための特定のアルゴリズムを適用することである（Data mining is the application of specific algorithms for extracting patterns from data.）[97]。
- データマイニングは，大きなデータから実行可能な情報を発見するプロセスのことで

ある (Data mining is the process of discovering actionable information from large sets of data.)[98]。
- データマイニングは，データベースにおける関連パターンの検出の自動化である (Data Mining, by its simplest definition, automates the detection of relevant patterns in a database.)[99]。
- 多量のデータから有用な知識を発掘する技術の総称[100]

これらにおいて，さまざまな表現がなされているが，有用な知識やパターンをデータから抽出するという点で共通している。

データマイニングは，knowledge discovery in databases (KDD) と呼ばれることもある。KDD は，「明示されておらずいままで知られていなかったが，役立つ可能性があり，かつ，自明でない情報をデータから抽出すること (We analyze knowledge discovery and define it as the nontrivial extraction of implicit, previously unknown, and potentially useful information from data.)」[101]と定義されている。

これらの定義に加えて，データマイニングは，その用語が使われる場面に応じて，広義の意味と狭義の意味で用いられる場合がある。狭義のデータマイニングは，上で述べたようなデータから有用な知識やパターンを発見するための技術を指す。広義のデータマイニングは，データを利活用する技術とそれに関わる技術の総称を指す。これらは，データマイニングという用語の用いられ方に基づいた区別である。

## 2.2.1 データマイニングの細分化

ここでは，データマイニングの細分化した分野と，他の分野の関連について説明することで，データマイニングがどのように扱われているかを説明する。データマイニングは，分析するデータや用途に合わせて以下のように細分化される。

① ソーシャルデータマイニング (social data mining)，ソーシャルメディアマイニング (social media mining)
② ウェブマイニング (web mining)
③ コンテンツマイニング (content mining)，マルチメディアマイニング (multimedia mining)
④ テキストマイニング (text mining)
⑤ ブログマイニング (blog mining)
⑥ グラフマイニング (graph mining)

ソーシャルデータマイニングは，Twitter などのソーシャルメディア (social media)†のデー

---
† インターネット上でユーザが双方向で情報をやり取りするメディアの総称。

タに対して，データマイニングを適用する場合である．例えば，ソーシャルメディア上のユーザの意見の分析やトレンドの発見などが該当する．本書で扱うソーシャルビッグデータのマイニングもこれに該当する．

ウェブマイニングとは，ウェブサイトの構造やウェブ上のデータを分析する場合のことをいう．ウェブマイニングの例として，掲示板やブログなどの情報を分析することが挙げられる．また，ソーシャルメディアは，ウェブ上のデータである．そのため，ソーシャルデータマイニングは，ウェブマイニングの細分化されたものであると考えることもできる．例えば，ソーシャルデータマイニングとウェブマイニングの違いは，データマイニングを適用するデータにおけるソーシャル性の有無と考えることができる．1章にあるように，ソーシャルメディアでは，利用者同士で相互作用がある．それを含むデータに対してデータマイニングを行う場合にソーシャルデータマイニングと特別に呼ぶと考えることができる．

コンテンツマイニング，マルチメディアマイニングは，動画，画像，音声などを対象としたデータマイニングの総称である．それらの動画などのデータは，コンテンツやマルチメディアと呼ばれる．テキストマイニングは，テキストを対象としたデータマイニングの総称で，Amazon などのレビューの分析や，評判分析，文書の生成などが例としてが挙げられる．さらにテキストでもブログを対象とした場合にブログマイニングと呼ぶ．グラフマイニングは，グラフデータを対象としたデータマイニングである．これについて，これまでのデータマイニングの細分化された分野がデータの種類に着目しているのに対して，グラフマイニングはデータがグラフ構造であるという，データの構造に着目したデータマイニングの細分化である．

これらのデータマイニングは，それぞれどのようなデータに対してデータマイニングを適用するかを表しているだけである．そのため，○○マイニングというのは，今後も新しい用語が増えていくだろう．また，分析を行う際に複数の用語が当てはまることもよくある．例えば，ある目的で Twitter のデータを分析する際にテキストとユーザの構造を用いれば，テキストマイニング，ソーシャルデータマイニング，ウェブマイニングでもあるといえる．ここの説明で重要なことは，さまざまな種類のデータに対して，データマイニングの技術が用いられているということである．

では，どのような場合にデータマイニングを用いるべきなのかについてであるが，ある意味，データがあればデータマイニングを適用することは可能である．データマイニングの目的は，データからの知識などの発見なので，どのようなデータに対しても適用可能であるといえる．

ただし，データマイニングを適用する際に非常に重要なことは，データから知識やパターンが発見できるかはわからないことが挙げられる．例えば，十分な量のデータがない場合に

は，データマイニングを適用してもうまくいかないだろう。なぜならば，知識やパターンはデータから取り出しているので，データがそれらを表現するのに十分でなければ，どうにもならないだろう（ないものは取り出せない！）。また，これは，機械学習などでも同様である。さらに，なんらかの分析をしようとする際，データマイニングや機械学習を適用する前に，その作業が本当に必要なのかを考えてほしい（Excelで簡単な集計を行うだけで十分な分析ができているのに，データマイニングや機械学習を適用する必要があるのか）。データを分析する際には，なんらかの知識やパターンをデータから取り出すのが目的であり，データマイニングや機械学習を適用するのが目的ではない。

## 2.3 データマイニングと周辺分野の関連

つぎに，データマイニングと周辺分野の関連について説明する。データマイニングは，その性質から非常に多くの分野との関連性がある。

### 2.3.1 データベース

データマイニングでは，大量のデータを扱うことを前提としていることが多い。本書でおもに取り扱うソーシャルビッグデータはなおのことである。

大量のデータを効率的に管理するためには，データベース管理システム（database management system：DBMS）にデータを格納して管理，運用する必要があるだろう。DBMSは，データベースを構築，管理，運用するためのシステムである。DBMSの中でも，relational database management system（RDBMS）がよく用いられる。MySQL[†1]やPostgreSQL[†2]が有名なRDBMSである。RDBMSでは，表形式[†3]でデータを保存している。そして，複数の表同士に関連を持たせることが可能である。

データマイニングにおけるデータベースのおもな役割は，データを適切に保存，管理することで必要に応じてデータを読み出すことである。読み出す際には，SQLなどを用いて選択や射影などデータの選別や操作を行う。データベースの読み込みや書き込みなどのI/O（input/output）の速度，選択，射影などのデータの処理速度，データベースで行える処理の多様さは，データマイニングの実用性に影響してくる。

また，近年，データマイニングなどの大量のデータに対するデータベースとして，NoSQLが開発されている。NoSQLは，厳密に定義するのは難しいが，RDBMS以外のデータベース

---

[†1] https://www.mysql.com/（2018年7月現在）
[†2] https://www.postgresql.org/（2018年7月現在）
[†3] 関係（relation）と呼ばれる。

システムのことを表す用語である。NoSQL の種類として，キーバリューストア（key-value store：KVS），カラムナデータベース（columnar database），ドキュメント指向データベース（document-oriented database），グラフデータベース（graph database）などがある。

### 2.3.2 統 計 解 析

統計解析（statistic analysis）は，なんらかのデータの集合から統計的な性質を見出すことを目的としている学問，処理である。ソーシャルビッグデータとの関連について，統計解析は，データマイニングなどの目的を達成するために用いられるアプローチの一つであると考えられる。例えば，統計的仮説検定（statistical hypothesis testing）や，主成分分析（principal component analysis），回帰分析（regression analysis）などは，データマイニングでも用いられることが多い統計解析の手法である。

データマイニングと統計解析の違いは，データに対して適用する目的にあると考えることができる。データマイニングは有用な知識を抽出することが目的である。一方，統計解析は統計的な性質を見出すことが目的である。そのため，例えば，ある業務について分析する際に，統計解析としてはよい結果が得られたとしても，それが業務などで有用でなければデータマイニングとしては失敗であるといえる[†]。そのため，データマイニングから見たときに，統計解析は有用な手段の一つである。

### 2.3.3 機 械 学 習

つぎに，データマイニングと機械学習との関連について説明する。機械学習とは，人間が行っている判断をコンピュータで実現しようとする技術の総称である。機械学習について他の説明をすると，データをなんらかのアルゴリズムで学習することで，そのデータの振る舞いをコンピュータによって再現しようとする技術である。

機械学習がよく用いられるタスクの一つとして，写真に写っている被写体の判別がある。例えば，被写体が判別しているイヌやネコなどの大量の動物の大量の写真をコンピュータに学習させ，未知の写真にどのような被写体が写っているかを判別する。このときに，コンピュータに学習させるためのデータをトレーニングデータ（training data）と呼ぶ。

被写体が既知でない写真をトレーニングデータを学習したコンピュータに入力すると，コンピュータは被写体を判別する。もちろん，写真を人が直接見ればそれがなんの動物なのかわかる場合が多いだろう。このようなタスクにおいて，機械学習を用いる利点は，大量のデータに適用することが可能になることがある。また，コンピュータは，人手よりコストが安く

---

[†] もちろん，データに対して統計解析のなんらかの手法を適用する目的そのものは存在するだろう。しかし，それは，統計解析の手法の成功と失敗とは関係はない。

なる場合もある。加えて，タスクによっては，人間よりも高い性能を示すこともある。そのため，人間が扱えないような膨大なデータを高速に低コストで扱うことが可能である。

データマイニングと機械学習の違いは，目的の観点から述べると，データマイニングはこれまでに得られていない知見やパターンをデータから発見するのに対して，機械学習ではトレーニングデータの性質を学習することでこれまでの知識をコンピュータ上で再現している。しかし，データマイニングにおいてなにかしらの知識やパターンを抽出するための手順として，これまでに得られているデータを用いてデータの振る舞いをコンピュータ上で再現することは頻繁に行われている。そのため，データマイニングにおいて，機械学習は最も主要な技術である。

ここまで，データマイニングとその周辺分野について説明してきたが，データマイニングは比較的新しい学問なので，さまざまな分野の知識がデータマイニングに取り入れられている。そのため，ここまでが機械学習，ここからがデータマイニングという風に厳密になにかしらの基準で切り分けることは困難である[†]。これまでの繰り返しになるが，データマイニングにおいて重要視されることは，得られた知識やパターンの有効性である。そのため，データマイニングを行う際に重要なことは，データの性質を考慮して，どのような手法をデータに対して適用するのが有効であるのかを見極めることである。そして，本書で扱うソーシャルビッグデータでも同様である。

## 2.4 データマイニングのプロセス

データマイニングのプロセスについて，以下の五つのプロセスで説明されることが多い[97]。

1) データの選択（selection）
2) データの前処理（pre-processing）
3) データの変換（transformation）
4) パターン，知識の発見（data mining）
5) 解釈と評価（interpretation/evaluation）

これらの五つのプロセスは，データマイニングでよく用いられる表現であるが，機械学習においても同様である。以下では，これらのそれぞれのプロセスについて説明する。

### 2.4.1 データの選択

はじめに，データの選択について説明する前に，これまでにも用いているデータ（data）という用語について説明する。

---

[†] そもそも，データマイニングと機械学習を厳密に切り分けることそのものが重要でないだろう。

データとは，観測値という言葉に置き換えられる場合が多く，なにかが生成した数値や文字列などの集合であると考えることができる。さらに，なんらかの基準によりまとめられたデータの集合は，データセット（dataset）と呼ばれる†。また，情報（information）という用語がある。データと情報を同じものとして扱う場合も多いが，異なるものとして扱う場合もある。データと情報を異なるものとして考える場合は，データはただの事実であるが，情報はデータに解釈，処理などを伴ったものとされる。例えば，センサが観測した気温や気圧はデータである。また，そのデータが解釈されて天気予報になれば情報である。

また，図 2.1 に，データセットの例を示す。図には，ユーザの ID，名前，年齢，性別が含まれている。この ID は，RDBMS などで主キー（primary key）と呼ばれる通し番号でデータやユーザの管理をしやすくするために与えているデータである。このときに，1 人のユーザに関するデータを一つの行（row）で表現している。つぎに，縦に各ユーザの年齢の情報が並べられており，列（column）と呼ばれる。これらの列は，データの特徴（feature，特徴量，変数）と呼ばれることが多い。

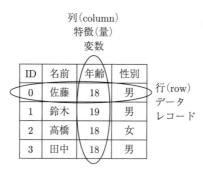

図 2.1 データセットの例

データマイニングを適用する場合のほとんどは，データが大量にある状態であるだろう。例えば，e コマースでは，商品の情報や顧客による購買の情報である。また，ソーシャルメディアでは，一般のユーザによって生成されたコンテンツやユーザ同士のつながりの情報などである。

これらのデータをデータマイニングを用いて分析する際に，自分たちが所持するすべてのデータを用いて分析する場合はほとんどなく，分析する目的に合わせて，大量のデータの中から目的に合ったデータを選択する。例えば，データベースのテーブルにユーザの多くの種類の個人情報が含まれているとした場合は，それぞれの行は 1 人のユーザの情報を，それぞれの列は，ユーザの情報，属性を表していると考えられる（例えば，名前や年齢，住所）。このテーブルを用いて分析する際にテーブルに含まれている一部のデータを分析する場合は，

---

† 本書では，一つのデータも複数のデータもデータと記すが，なんらかの基準でデータを特別に集めたものをデータセットと呼ぶ場合がある。

リレーショナルデータベースでいう選択を，一部の属性だけを分析する場合は射影を行う必要がある。

### 2.4.2 データの前処理

つぎに，データの前処理について説明する。データマイニングにおいて，前処理は非常に重要な地位を占めている処理である。前処理を簡単に説明すると，データセットを精査することで明らかに分析に必要のないデータを除外し，分析に用いるデータセットを作成することである。

前処理というと，分析の前段階なので簡単そうに思われるかもしれない。しかし，実際に前処理に必要な時間的，技術的なコストは非常に高く，この処理の技能はとても重要である。データの分析の際には，知識やパターンの発見に費やされる時間よりも，データセットを精査するために多くの時間が費やされることもある。例えば，データの整形や前処理，以降に説明する欠損値や異常値への対処などについて，全体の80％程度を占めるなどといわれる。

この理由は，データマイニングでは，データセットから知識やパターンを取り出す処理を行うが，当然ながら，そのデータセットが適切でなければそれらを取り出すことはできない。それどころか，意図しない，または誤った知識やパターンが抽出される。データマイニングは，データセットから知識やパターンを抽出するので，そのデータのクオリティに大きな影響を受ける。基本的には，どれだけよいデータマイニングの手法があったとしても，データがよくなければよい結果を得ることは難しい。これは，garbage in, garbage out（GIGO）と呼ばれる「ゴミを入れればゴミが出てくる」という慣用句としても知られる。

そのため，この前処理をどのように上手に行うかが，これ以降のプロセスにおいて大きな影響を与え，データを分析する人が特に気を付けて行わねばならないことである。そのため，データマイニングでのパターンの発見などに用いるアルゴリズムの選択よりも，この前処理の方が重要な場合も多い。

前処理で行う例として以下が挙げられる。

- データ形式の変換
- 単位の変換
- 異常値の発見
- 欠損値への対処

〔1〕 データ形式の変換　つぎに，データマイニングに適したデータ形式について説明する。ここでのデータ形式とは，データを保存する際のファイルのフォーマットやExcelやRDBMSなどのデータを保持するためのソフトウェアを表す。

また，テキストデータとして保存する場合は，複数のデータをカンマで区切ったcomma

separated values（CSV）形式や，タブで区切った tab separated values（TSV）形式，スペースで区切った space separated values（SSV）形式が望ましい[†1]。CSV，TSV，SSV の例を図 2.2 に示す。これらのデータの形式が優れている点は，プログラムによるデータの読み込みが簡単なことである。Python や JavaScript などの多くのプログラミング言語では，ライブラリを用いて簡単に読み込むことができるだろう。

```
    CSV       TSV         SSV
id,data    id   data    id  data
0,10       0    10      0   10
1,100      1    100     1   100
2,20       2    20      2   20
3,300      3    300     3   300
```

図 2.2　CSV，TSV，SSV の例

さらに，テキストデータとして保存する場合は，CSV などよりも，JavaScript object notation（JSON）や extensible markup language（XML）の方がより望ましい。これらは，タグなどによってデータを操作，検索することが可能になる。また，CSV などでは表現できない木構造でデータを表すことが可能になる。

もちろん，データをどのように保存するべきかは，データに依存する。例えば，英語のレビュー，レビュアーの ID，閲覧数で構成されるデータをどのような形式で保存するべきかを考えることにする。英語などの一部の言語による文章や一部の数値データにカンマが含まれている可能性がある。また，英語などの文章は，スペースで単語を区切る。そのため，このようなデータの場合は，CSV，TSV，SSV の中から選ぶのであれば TSV で保持することが望ましい。

大量のデータを長期的に保存する場合には，DBMS などを利用してすべてのデータを管理するのが望ましい。ただし，データを管理するためのコストも大きくなる。これまでに述べてきた，CSV などのデータ形式であれば DBMS にデータをインポートするのは，プログラミング言語ごとのライブラリを用いれば容易に行うことができるだろう。

また，顧客に質問項目に対して自由に回答してもらい，その結果を分析する場合を考える[†2]。例えば，「意見や感想などを自由にお書きください」という質問への解答が挙げられる。解答者がコンピュータやスマートフォンなどを用いている場合は，そのデータを DBMS に格納するのは簡単である。しかしながら，アンケートの取得方法が手書きの場合は，当然ながら，その手書きのデータをコンピュータに移植する必要がある。その場合は，紙媒体をスキャンして OCR（optical character recognition/reader）を適用するか，アンケート用紙を見ながら手作業で Excel などのデータ形式に移植することになるだろう。

---

[†1] TSV や CSV などは，まとめて character separated values や delimiter separated values などとも呼ばれる。
[†2] 自由記述形式と呼ばれる。

## 2.4 データマイニングのプロセス

ここで，Excel を利用してデータを管理する際に気を付けるべきこととして，いわゆる神 Excel が挙げられる[†]。神 Excel とは，最近，インターネット上で揶揄されている用語で，紙に印刷することや，Excel の見栄えを重視したために，データの入力や分析を行いづらい Excel のことである。神 Excel では，複数のセルが結合されていたり，Excel の一つのシートの中に複数の表が含まれている。そのため，Excel のデータの修正や，データ形式の変換が難しくなる。これは，人間にとって見た目や使い勝手のよいデータとコンピュータで扱いやすい機械判読が容易なデータ（machine-readable data）は異なることが原因で生じる。

神 Excel の例を図 2.3 に示す。氏名や，ふりがな，住所などの個人情報を入力する場合を考える。この例では，ふりがなは 1 文字ずつの入力，氏名は漢字，生年月日は年，月，日をそれぞれ入力，性別は該当する項目に○，住所には郵便番号を含めて書くという形式である。この Excel を CSV で出力すると，図左下の例のように，必要のないカンマを多く含む CSV になる。これは，Excel の見た目を重視した結果，セルの結合などを行っていることが原因である。また，住所の項目に，住所だけではなく郵便番号も含んでいることで，CSV の出力結果が扱いにくくなっている。この例において，望ましい CSV の出力の一つとして，項目名とそのデータのみが含まれている CSV が挙げられる。このようなデータは機械判読がより容易なデータと考えられる。また，このような機械的な形式に従ったデータは，他の形式への変換も容易だろう。

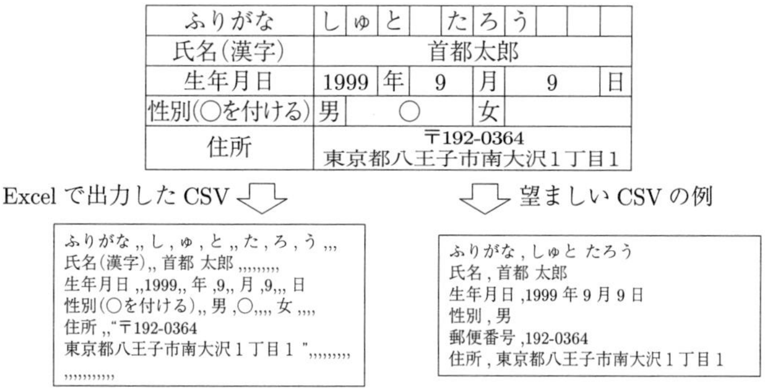

図 2.3 神 Excel の例

機械判読の容易さについては，近年，オープンデータが盛んになっていることで注目されている。総務省によると，オープンデータとは，「機械判読に適したデータ形式で，二次利用が可能な利用ルールで公開されたデータ」であり「人手を多くかけずにデータの二次利用を可能とするもの」である[102]。そして，データを二次利用しやすくするためには，機械判読が容易な方がよい。

---

[†] Excel 方眼紙と呼ばれることもある。

どのようなファイル形式が機械判読が容易であるかを示した例として図 **2.4** に示す 5-star Open Data[†]が挙げられる。これは，Tim Berners-Lee が提案した，オープンデータの五つ星スキームである。各段階において，星が増えるごとにオープンデータ，機械判読に適しているデータ形式とされる。そして，ソーシャルビッグデータ，データマイニングなどで扱うデータ形式にも適している。図の各段階の簡単な説明を以下に示す。

1) どのような形式でもいいのでオープンなライセンスでウェブに公開する（画像や PDF など）。
2) データを構造化する（Excel など）。
3) データをより一般的な形式にする（CSV，TSV など）。
4) データに URI を付与する（RDF）。
5) 他のデータへのリンクを付与する（LOD）。

4)，5)は本書の範囲を超えているが，簡単にいえば，データセット同士に関連性を持たせることで，よりデータを利用しやすくするという考え方に基づいている。

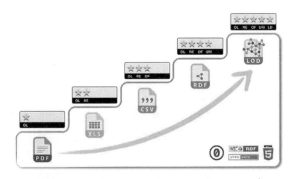

図 **2.4** オープンデータのための五つ星スキーム[†]

これまでの説明において，重要なことは，データマイニングに限らずデータの再利用や，分析を行うことが想定されるデータは，機械判読が容易なようにデータを収集，保存するべきであるということである。この作業を怠ると，データマイニングなどを適用する以前に，データ形式の変換のために多くの時間を費やすことになってしまう。

さらに，データの収集にも多大な労力が必要であることから，データを収集する際にはできる限り多種多様な多くのデータを収集するべきである。データマイニングの処理中に生じた目的の再設定や，新たな目的を設定する場合にも，データがあらかじめ収集されていれば，柔軟に対応することが可能だろう。

〔**2**〕**単 位 の 変 換**　つぎに，データマイニングを効果的に適用するために，データ自体に対する準備を行う。ここでは，コンピュータで扱いやすくなったデータをデータマイ

---

[†]　http://5stardata.info/（2018 年 7 月現在）

ニングのアルゴリズムで扱いやすいように変換する。

この処理でよく行われるのが，カテゴリデータ（category data）[†1]の数値データ（numeric data）[†2]への変換である。ここでカテゴリデータは，順序の意味に基づいて，名義尺度（nominal scale）と，順序尺度（ordinal scale）に分けられる。一方数値データは，さらに，比率の意味の有無に基づいて，間隔尺度（interval scale）と比例尺度（ratio scale）に分けられる。これらの四つの尺度は，尺度水準（level of measurement, scale of measure）と呼ばれる。それぞれの尺度の簡単な説明を**表 2.1** に示す。これについては，データマイニングや機械学習の本よりも，多変量解析や統計の本に詳しい説明が載っているだろう。

表 2.1　四つの尺度水準

| データの種類 | 尺度名 | 例 | 説　　明 |
|---|---|---|---|
| カテゴリデータ | 名義尺度 | 性別，血液型 | データ同士を区別をするための尺度である。例えば，1：男，2：女という項目がある場合は，二つのデータに同じ値が与えられていれば，それらのデータは同じカテゴリである。これらには，順番もなく，値の差にも意味がない。 |
| | 順序尺度 | 震度，段階評価 | 順序に意味はあるが，値の差に意味がない尺度である。例えば，アンケートにおいて，1：好き，2：普通，3：嫌い，という項目があるとする。好きな順番では，1→2→3と考えられるが，3（嫌い）−2（普通）＝1の結果に意味がない。 |
| 数値データ | 間隔尺度 | 温度，西暦 | 値の差に意味はあるが，比率に意味がない尺度である。この尺度は，0が原点でない。例えば，20℃と25℃は5℃の差がある。そして，25℃から30℃に上昇しても，同じく5℃の差があり，これらの5℃は同じである。しかし，20℃は10℃の2倍暑いとはいえない。 |
| | 比率尺度 | 身長，年齢 | 値の差に意味があり，比率に意味がある尺度である。この尺度は，0が原点である。例えば，20歳と40歳の場合，40歳の人は20歳の人の2倍生きているといえる。 |

データマイニング，機械学習では，手法ごとに扱うことが可能な尺度が異なるため，データに合わせて手法を選択する必要がある。ただし，多くの手法は少なくとも数値データは扱うことが可能なので，カテゴリデータを数値データに変換することが多い。データを分析する際には，データセットに対してどのような手法がうまくいくのかは手法を適用するまでわからない場合が多い。したがって，一つのデータセットに対して，複数の手法をトライアンドエラーで試していくことが多い。また，数値データの方が対応する手法の種類が多い。そのため，特別の事情がなければ，とりあえず，カテゴリデータは数値データに変換した方が

---

[†1] 定性的データ，定性データ，質的データとも呼ばれる。
[†2] 定量的データ，定量データ，量的データとも呼ばれる。

後々楽な場合が多い。

データセットに含まれるカテゴリデータを連続データに変換する方法として，ダミー変数（dummy variable）が挙げられる。これは，カテゴリデータに含まれるデータの種類数だけのバイナリデータに変換する作業によって得られる。この例を図 2.5 に示す。この図では，血液型のカテゴリデータをバイナリデータに変換している。またこの図において，1 の値はそのカテゴリに属していることを，0 の値はそのカテゴリに属していないことを示している。例えば，1 行目の血液型は A 型である。そのため，変換後には，A 型の列が 1，それ以外の列は 0 となる。

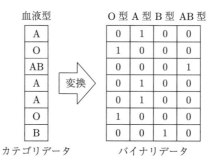

図 2.5 カテゴリデータのバイナリデータへの変換

このように，データセットに対してデータマイニングを適用するためには，データの加工が必要になることが多い。特に，ソーシャルビッグデータの場合，さまざまな種類のデータを大量に収集することが多い。そのため，データを収集後に加工をするのは，なかなか大変である。しかし，これまでの説明に挙げてきたデータの保存形式や単位の変換は，データを収集する際に注意していればある程度は事前に対処が可能である。そのため，ある程度の慣れや経験が必要だとは思うが，データを収集する際には，データの形式やデータの単位などに配慮するように心がけるとデータ分析がスムーズに進むようになるだろう。

〔**3**〕 **異常値の発見**　データマイニングを適用するデータに含まれる異常値に対処する必要がある。この処理は，データのクリーニング（cleaning），またはクレンジング（cleansing）などと呼ばれる。

異常値は，ノイズ（noise）や外れ値（outlier）などとも呼ばれる。これらは，データセットの性質を表さないがデータセットに含まれているデータのことである。また，そのデータの正しい生成手順によらず，他の方法により生成されたデータのことである。例えば，センサから収集したデータを分析する際に，センサが異常な動作をした際に生成されたデータは異常値である。そして，多くの場合，そのようなデータは取り除くべきである。また，例えば，インターネットや対面式のアンケートによってユーザの情報を収集した場合に，年齢や職業などをユーザが正確に，または正直に答えてくれているとは限らない。さらに，四肢択

一[†1]の回答方式をとるアンケートを考える．すべて同じ選択肢を選んでいるユーザは，正確に回答をしていないだろう．そのため，このようなユーザは取り除くべきである．そのような解答は，信頼のできないデータであるどころか，誤った分析結果を導く要因になりうるので，分析の際にノイズとして取り除くのが理想である．

　ソーシャルビッグデータにおいて，異常値の発生する原因の例として，人為的なミスやデバイスによる誤差などが挙げられる．上述したアンケートの場合では，解答漏れやアンケートの回答の集計ミスなどで生じる．また，デバイスの設定のミスの場合がある．例えば，スマートフォンやデジタルカメラなどの時刻の設定を忘れるというのが挙げられる．その場合は，写真を撮影すると何時に撮影したとしても撮影時刻は 00:00 になるだろう．また，日本から海外に行ったときにタイムゾーンを適切に設定しないと，日本の時刻でデータが生成される[†2]．ソーシャルビッグデータのような大量のデータを扱う場合にはなおのこと注意が必要である．ただし，このような人為的なミスは頻繁に生じるので，フールプルーフ，またはフェイルセーフのような仕組みが重要である．

　さらに，デバイスがなにかを測位する際に誤差が生じる場合がある．これは，デバイスごとにさまざまな誤差の性質があるので，なにかしらのデータを生成する際やそのデータを用いる際に誤差が含まれている可能性を検討するべきである．

　ここで，デバイスに関する誤差として，位置情報について取り上げる．位置情報（geographical information）は，緯度や経度などで表される情報で，ジオタグ（geotag）と呼ばれることもある．本書で扱うソーシャルビッグデータの中で位置情報は，重要な情報源の一つである．多くのソーシャルメディアでは，コンテンツにメタデータ[†3]として位置情報を付与することが可能である．これは，ソーシャルメディアに投稿されるテキストや写真などのコンテンツをユーザがどこで生成したのかがわかるためである．しかし，位置情報に誤差があると，そのコンテンツの生成地点は不正確になる．それ以外にも，例えば，位置情報による広告（location-based mobile advertising：LBMA）なども見当違いの広告を表示するようになるだろう．

　位置情報は，全地球測位システム（global positioning system：GPS）と呼ばれる衛星測位システムによって測位される．GPSによる測位の誤差の原因として，以下の例が挙げられる．

- GPS衛星から送信される電波が大気中で影響
- マルチパス誤差（地面や障害物に反射した電波を測位してしまうことによる誤差）
- GPS衛星の配置による精度の低下（測位に用いられるGPS衛星の配置が精度に大き

---

[†1] 四つの選択肢から一つ回答する方法である．
[†2] 時刻やタイムゾーンの設定は，自動で行われるデバイスが多いが，自動による設定に失敗する場合や，設定が消える場合がある．
[†3] データに対するデータである．例えば，位置情報は，データがどこで生成されたのかを表すメタデータである．

な影響を与える。GPS 衛星が固まっているほど精度が悪くなる。これは，dilution of precision（DOP）などで評価される）

本書では，それぞれについて詳しく扱わないが，GPS はさまざまな要因で誤差が生じる。日本では，GPS による測位の精度を向上させるために，「みちびき（準天頂衛星システム）」が打ち上げられている。「みちびき」の機数が増加すると日本での測位の誤差は，よい測位状態であれば数 m 程度に減少する[103]。そのため，今後，GPS の性能が向上するにしたがって，ソーシャルビッグデータに含まれる緯度と経度の誤差も減少し，ユーザがコンテンツを生成した地点などがより正確に得られるだろう。

〔4〕 欠損値への対処　つぎに，欠損値（missing value）の補間（imputation）について説明する。欠損値というのは，データの中で，本来取得されているべきデータがなんらかの理由で取得されていない値のことである。欠損値のあるデータセットの例を図 2.6 に示す。この図は，RDB などでいうテーブルや，Excel のシートなどを表している。そして，このデータに欠損値がある状態というのは，それらが歯抜けな状態である（一部のセルが空白になっている）。例えば，ユーザに対する質問によるアンケート調査の場合は，アンケートへの回答の記入漏れが欠損値に該当する。また，紙で回答を収集したアンケートをコンピュータに転記する際にも転記ミスが発生する可能性がある。このように，データマイニングを適用するためのデータを準備する際にも，欠損値は頻発する。

| ユーザID | 設問1 | 設問2 | 設問3 |
|---|---|---|---|
| 0 | 2 | 3 | 4 |
| 1 |  | 4 | 4 |
| 2 | 1 | 3 | 3 |
| 3 | 1 | 1 | 1 |
| 4 |  |  | 3 |

図 2.6　欠損値を含むデータセット

欠損値が含まれるデータセットに対してどのように対処するかは，いくつかの考え方がある。一つは，欠損値を含むデータを無視して分析を行う。もう一つは，欠損しているデータを補間することである。図 2.6 において，ユーザ ID が 1 と 4 のデータを削除した状態で分析を行うか，欠損している部分を補間してから分析を行うという違いである。

はじめに，データセットに含まれるデータ（行）が大量にある，かつ，欠損しているデータが少ない場合を考える。この場合は，データの列の中で列に一つでも欠損があるデータを分析に用いないというのが一つの方法である。データを破棄するのは非常にもったいないが，この方法は簡単である。これは，データセットが分析に十分な量があり，その中でも欠損しているデータが重要なデータの性質を表さないと考えられる場合は，データマイニングによる分析が十分に行えるであろうという考え方である。データマイニングでは，基本的に，大

量のデータを含むデータセットを扱うことが多く，そのようなデータの生成過程では，前述したノイズや欠損値というのは，得てして含まれることが多い．そのようなデータセットに対して，データの量でカバーするという考え方である．

つぎに，欠損値を補間する方法について簡単に説明する．欠損値を補間するべきおもな理由は，欠損値を含むデータを削除しない場合に，データマイニングの手法が制限されることである．一般的なデータマイニングの手法では，図 2.6 のような値が欠損しているデータを扱うことができない．これについては，以降で説明するデータマイニングのそれぞれの手法でも，ある特徴量が不定の場合を想定している手法は多くはない．

そこで，実際に，欠損値を補間する方法として，比較的簡単に実現可能なのが，その特徴量の平均値，中央値，または，最頻値で補間するという方法がある．この補間については，データの欠損している特徴量の欠損前の値を予測して補間するというよりは，その欠損による影響を減らすという考え方である．言い換えると，データマイニングのアルゴリズムを適用する際に，それぞれのデータの欠損している列に平均値などを代入することで，その特徴量による影響を減らしつつ，そのデータの他の特徴量は分析に利用しようとするものである．

例えば，年齢や性別，職業などのユーザの情報をアンケートなどで収集する場合に，あるユーザの年齢が欠損しており，他の特徴量（性別など）は欠損していないとする．このとき，年齢を平均値で補間すると，極端に正解の年齢と異なる年齢が入力されることは少ないが，完全に一致するとは限らないことは容易に想像できるだろう．しかし，年齢だけ平均値で少なくとも他の特徴量が正しければ，欠損値の影響をあまり受けずにデータ数を確保することができるだろう．

他の補間の方法として，欠損値に対する適切な補間値を他のデータから探すことが挙げられる．これは，hot-deck imputation と呼ばれる．複数の特徴量が存在し，欠損がわずかな場合には，その欠損値へ他の特徴量が類似しているユーザの属性を代入する方法である．この方法は，先程のようなアンケートの場合で説明すると，あるユーザの年齢のみが欠損しているときに，性別や職業など他の特徴量が類似しているユーザの年齢で補間するという方法である．先程の平均値などで補間する方法よりも，データ同士の類似性を考慮する必要があるため高度な補間方法であるが，他のデータを手がかりとして用いているため，補間される値はより正確だろう．

データの欠損への他の観点からの対処として，データマイニングに用いるアルゴリズムの選択肢を減らす方法が考えられる．言い換えると，データマイニングの手法は多種多様に存在するため，データに欠損値が含まれていても十分に分析可能な手法もある．しかしながら，データを分析するための手法をこのような形で制限されるというのは，あまりよいものではないだろう．さらに，データマイニングにおいて，データの品質やデータの量というのは，

分析が可能な事柄やその分析結果の信頼性に大きな影響を与えるので，データセットを作成する際に，できる限り欠損値が含まれないデータセットにすることを留意するべきである。

ここまでで，データの前処理の中でも，データの整形，補間などについて述べてきたが，データマイニングを行う前に，非常に多くの準備を行う必要があるということがわかってもらえただろう。この労力を減らすためには，なにかしらのデータを取得する際に，これまでに述べてきたことを留意して，データを保存することやノイズがデータに含まれないような方法を事前に考えることが重要である。

### 2.4.3 データの変換

ここでは，前処理の終わったデータからパターンを発見しやすくするためのデータの変換について説明する。データの変換の処理としては，データの正規化や特徴選択などが行われる。

〔1〕 **データの正規化**　データの正規化 (normalization) について説明する。正規化は，異なる種類の特徴を一つの評価軸にまとめるために用いられる。

ここで，表 2.2 に示す学生の試験の点数を例にして，なぜ正規化が必要なのかを説明する。表において，この学生の点数は，化学が 70 点，物理が 60 点である。この場合に，これらの点数のみを比較すると化学の方がよい点数に思える。しかし，化学の平均点が 60 点，物理の平均点が 30 点であれば，この学生は，物理の方が得意な学生であると考えられる。表について模試などで用いられている偏差値を計算すると，化学は 55 で，物理は 65 となったとする[†]。そのため，データマイニングでの分析において，当然この学生は，物理が得意な学生として特徴付けられるべきであると考えられる。正規化は，それぞれの特徴の分布を一つの基準に基づいて，データの特徴をわかりやすく再配置する処理であると考えることもできる。

表 2.2　学生の成績

|  | 化学 | 物理 |
|---|---|---|
| 点数 | 70 | 60 |
| 平均 | 60 | 30 |
| 偏差値 | 55 | 65 |

本書では，二つの正規化の方法について説明する。一つ目は，最大値を 1，最小値を 0 に正規化する方法 (feature scaling) である。$K$ 次元の特徴量を含むデータセットの $i$ 番目のデータの $k$ 番目の次元を $x_i^k$ とする。$k$ 番目の次元のすべてのデータの最大値を $x_{\max}^k$，最小値を $x_{\min}^k$，正規化された値を $a_i^k$ とすると，最大値を 1，最小値を 0 に正規化するための数式は以下の通りである。

---

[†] この偏差値の計算の際に，標準偏差は 20 としている。

$$a_i^k = \frac{x_i^k - x_{\min}^k}{x_{\max}^k - x_{\min}^k} \tag{2.1}$$

さらに，これの応用として，最大値を $MAX^k$，最小値を $MIN^k$ とした正規化を行う場合は，以下の数式になる。

$$a_i^k = \frac{x_i^k - x_{\min}^k}{x_{\max}^k - x_{\min}^k}(MAX^k - MIN^k) + MIN^k \tag{2.2}$$

もう一つは，平均が 0，分散が 1 になるように正規化する方法である。この正規化の方法は，標準化（standardization），規格化と呼ばれることもある。この正規化は，データを標準正規分布（standard normal distribution）に従うように変換している。$AVG^k$ を $k$ 番目の次元の平均値，$SD^k$ を標準偏差とした場合に，以下の数式で表される。

$$a_i^k = \frac{x_i^k - AVG^k}{SD^k} \tag{2.3}$$

二つの正規化の方法について仮定する分布が異なる。一つ目の方法は，一様分布（uniform distribution）である。この方法は，外れ値があるようなデータではうまくいかない。例えば，データの最大値が 100，最小値が 0 で，ほとんどのデータが 50 付近に分布するとき，最大値に引っ張られてうまく正規化できない。しかし，実装が非常に簡単で，外れ値がないデータの場合，うまく正規化される。二つ目の方法は，正規分布（normal distribution）である。ガウス分布（Gaussian distribution）と呼ばれることも非常に多い。この分布は，頻出するデータが中心にくるような釣鐘型である。データマイニングや機械学習の手法は，この分布を仮定しているものも多い。これらの正規化の方法については，データの取得方法やデータの性質によって使い分ける必要がある。

〔2〕 **特徴選択** 特徴選択（feature selection）は，データに含まれる複数の特徴量の中からパターンなどを発見するために有効な特徴を選択するための処理である。特徴選択は，次元削減（dimensionality reduction），属性選択（attribute selection）などとも呼ばれる。

この処理が必要な理由として，以下の二つがある。

- 知識やパターンをより効率的に発見可能な特徴量の抽出
- 次元の呪い（curse of dimensionality）

次元の呪いとは，簡単には，データの特徴量が高次元なことで不都合な事態が生じることである。これは，機械学習やデータマイニングでは，頻繁に生じる非常に重要な問題の一つである。次元の呪いをもう少し説明する。高次元な特徴量を持つデータセットにおいて，ある一つのデータに類似する他のデータを探索する場合，そのデータは他のすべてのデータとほとんど同じぐらい類似するように計算されてしまう現象が生じる[†]。これを解決するための手段の一つとして特徴選択は用いられる。

---

[†] 詳しくは，球面集中現象（concentration on the sphere）などを調べるとよい。

特徴選択は大きく二つのアプローチがある。
- フィルタ法（filter method）
- ラッパ法（wrapper method）

フィルタ法は，情報利得などの評価基準によって特徴を選択する。一方，ラッパ法は，一部の特徴量を用いて処理を実際に行い，なんらかの基準による誤差を最小にするような特徴量を選択していく。フィルタ法とラッパ法を比較すると，ラッパ法は分類などの処理を行い，その結果を特徴量に反映するため性能は高いが時間がかかる。一方，フィルタ法は，特徴量から評価指標を求めるだけなので高速である。

そして，これらのアプローチについて，どのように特徴量を探索するかによって，二つのアプローチに分かれる。$K$ 次元の特徴量を考えたときに，そのすべての組み合わせは，$2^k - 1$ 個である。これをすべて試すのは時間がかかる。そのため，以下の二つのどちらかのアプローチで行う場合が多い。

- 前向き法（forward stepwise selection）
- 後向き法（backward stepwise selection）

前向き法は，すべての特徴量の中から，最適な特徴量を一つずつ選択していく方法である。後向き法は，すべての特徴量の中から，一つずつ最適ではない特徴量を除外していく方法である。

また，特徴抽出（feature extraction）と呼ばれる方法もある[†]。特徴抽出は，高次元の特徴量を低次元に射影することで，高次元の特徴量のデータとしての特徴をなるべく保持したまま次元数を削減している。特徴選択の具体的な手法として，主成分分析や潜在的意味インデキシング（latent semantic indexing：LSI）などが有名な手法である。

ソーシャルビッグデータでは，データ数そのものが膨大になることが多いのに加えて，近年では得られる情報も非常に多く特徴量が高次元になりやすい。そのため，ソーシャルビッグデータを分析する際には，特徴選択を適用することで，これ以降の処理に有用な特徴量を取り出すことが可能になるだろう。

また，特徴抽出のもう一つの利点は，高次元のデータを二次元，または三次元に変換することでデータをわかりやすく可視化することができる。分類などのタスクにおいて，データの中でどの特徴量が有効なのかわからないため，処理がブラックボックスになりやすい。そのような高次元の特徴量をそのまま人間が見ても理解することが難しい。そのため，特徴選択を適用することで，特徴量の関係やタスクに有用な特徴量を人間が理解しやすくなることがある。

---

[†] 特徴抽出という用語は，特徴選択とほとんど区別されずに使われる場合もある。

### 2.4.4 パターン，知識の発見

これまでに前処理を適用したデータセットに対して，アルゴリズムを適用してパターンや知識を発見することについて説明する．パターンを発見するための手法としては，教師なし学習（unsupervised learning）や教師あり学習（supervised learning）などが例として挙げられる．これらの手法を適用することで，データ間の距離（distance）などに従ったさまざまな情報を得ることが可能である．

〔1〕 **教師あり学習**　教師あり学習は，クラスと特徴量で構成されるトレーニングデータを用いて，コンピュータにそれらの関係を学習させる手法の総称である．ここで，本題からずれるが，書籍や分野によって，これらの用語は多様な表記方法があるので，それについて紹介する．**表 2.3** にトレーニングデータ，クラス，特徴量と同じ意味で用いられることがある用語を示す†．

**表 2.3**　教師あり学習で用いる用語の説明

| トレーニングデータ | 学習データ，訓練データ，教師データ |
|---|---|
| 特徴量 | 説明変数，ベクトル，素性 |
| クラス | 目的変数，ラベル，カテゴリ |

教師あり学習の具体的な例として，**図 2.7** に示すスパムメールを判定するというタスクを考える．このタスクでは，[スパム，非スパム] をクラスとし，一つのメールに対して [スパム，非スパム] のどちらかのクラスを与える．また，メールのテキストや，送信元などの情報が特徴量の候補になるだろう．

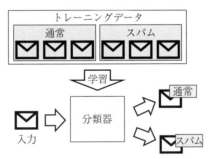

**図 2.7**　教師あり学習の例（スパムメールの分類）

これらの特徴量とクラスの関係をコンピュータに学習させることで，未知のメールが届いたときにスパムかどうかを分類する．このときに学習させたものを分類器（classifier），識別器，学習器という．また，学習させるための特徴量とクラスの数学的な関係を表すものをモデルという．

---

† 例えば，この文脈で用いられるクラスとラベルは同じ意味を表していると考えられる．しかしながら，書籍や資料によってどちらの用語を用いているかは異なる．ただし，後に説明するマルチクラス分類とマルチラベル分類などでは異なる用語として扱われる．

上のタスクは，分類（classification）と呼ばれる処理を行っている。これは，メールに [スパム，非スパム] という離散的な値（多くの場合は [1, −1]）を与える。分類において，一つのデータを二つのクラスのどちらかに分類する場合を2値分類（binary classification）と呼ぶ。また，三つ以上のクラスの一つのクラスを一つのデータに付与する場合は，マルチクラス分類（multi-class classification），複数のクラスから0個以上のクラスを一つのデータに付与する場合はマルチラベル分類（multi-label classification）と呼ぶ。また，スパムかどうかをはっきりと2値で分類するのではなく，どれくらいスパムらしいかを確率で与えることも可能である。

さらに，教師あり学習のタスクの一つで，例えば，天気予報の降水確率予測などの確率を出力させる処理は，回帰（regression）と呼ばれる。本書では直接には回帰のアルゴリズムを扱わないが，ほとんどの場合は，分類のアルゴリズムを拡張することで回帰に対応させることが可能である。

〔**2**〕 **教師なし学習**　つぎに，教師なし学習について説明する。教師なし学習は，データセットに特徴量はあるがクラスがない場合に用いられることが多い手法である。先程のスパムメールの例で説明すると，大量のメールのテキストはあるが，それぞれのメールがスパムかどうかはわかっていない状態である。そのため，特徴量のデータ間の距離や統計的な性質などを利用して，データの構造などを把握するための学習を行う。例えば，データの距離に基づいてデータをグループにまとめるクラスタリング（clustering）などが行われる。

パターンや知識の発見では，これらの手法を利用して，データセットからそれらを発見する。本書では，データマイニングで頻繁に用いられる手法の中でも，教師なし学習からクラスタリングを2.5節，教師あり学習から分類を2.6節において説明する。

〔**3**〕 **距離と類似度**　データマイニングにおいて，距離と類似度はとても重要な概念である。例えば，教師あり学習で取り上げたスパムメールについて考える。あるメールがトレーニングデータに含まれるスパムメールとほとんど同じ文章だった場合，そのメールはスパムであると考えられる。これを言い換えると，そのメールとスパムメールは距離が近い，または類似度が高い。また，教師なし学習の場合は，データの類似度に基づいてクラスタを作成する。そのため，データマイニングなどでは，データ間の距離，類似度を評価するための技術がとても重要になる。

はじめに，距離について説明するために距離の公理を示す。

---
**距離の公理**

非負性：$d(x, y) \geq 0$

対称性：$d(x, y) = d(y, x)$

三角不等式：$d(y, z) \leq d(x, y) + d(y, z)$

---

距離は，この公理を満たす必要がある．例えば，文字列の類似性を評価するために用いられる尺度の一つであるハミング距離（hamming distance）も上記の距離の公理を満たすので，距離である．しかし，カルバック・ライブラ距離と呼ばれることもある，カルバック・ライブラ情報量（Kullback–Leibler divergence，相対エントロピー）は，対称性がなく三角不等式も満たさないので，距離と呼ばれることもあるが，公理に従うと距離ではない．ここではさまざまな距離尺度を示すが，重要なことは，データマイニングでは，データの性質や分析の目的に応じて，適切な距離を選択する必要があることである．

データマイニングにおいて，距離と類似度は以下のような関係にある．

- 二つのデータの類似度が高い，または距離が近い．→ それらのデータは類似している．
- 二つのデータの類似度が低い，または距離が遠い．→ それらのデータは類似していない．

二つのデータを $[0,1]$ の範囲の値をとる距離と類似度でそれぞれどれぐらい似ているかを評価するとする．この場合に，距離が $0$ に近づくほど二つのデータは似ていると評価される．一方，類似度は $1$ に近づくほど二つのデータは似ていると評価される．

〔4〕 ユークリッド距離　ここでは，いくつかの距離について説明する．ユークリッド距離（Euclidean distance）は，最も頻繁に用いられる2点間の距離の尺度で，いわゆる普通の距離である．$K$ 次元の特徴量を持つデータの $k$ 次元目の特徴量を $x_i^k$ と表す．その際に，二つのデータ $x_i$, $x_j$ のユークリッド距離 $d(x_i, x_j)$ は以下の式で表される．

$$d(x_i, x_j) = \sqrt{\sum_{k=1}^{K} \left(x_i^k - x_j^k\right)^2} \tag{2.4}$$

このユークリッド距離を一般化するとミンコフスキー距離（Minkowski distance）となり，以下の公式で与えられる．

$$d(x_i, x_j) = \left(\sum_{k=1}^{K} \left(x_i^k - x_j^k\right)^p\right)^q \tag{2.5}$$

このミンコフスキー距離の $p$ と $q$ の値を変化させることで，さまざまな距離を得ることが可能である．例えば，$p = q = 2$ の場合は，ユークリッド距離である．

$p = q = 1$ の場合は，マンハッタン距離（Manhattan distance，市街地距離）と呼ばれる．

$$d(x_i, x_j) = \sum_{k=1}^{K} \left|x_i^k - x_j^k\right| \tag{2.6}$$

チェスのルークや，将棋の飛車などの移動距離がこのマンハッタン距離で計算される．そのため，距離を想定するときに，軸に対して平行にのみ動くことが想定される場合などにマンハッタン距離が用いられる．

さらに，$p=q=\infty$ の場合は，チェビシェフ距離（Chebyshev distance，チェス盤距離）と呼ばれ，以下の式で表される。

$$d(x_i, x_j) = \lim_{p \to \infty} \left( \sum_{k=1}^{K} \left(x_i^k - x_j^k\right)^p \right)^q = \max_p \left| x_i^k - x_j^k \right| \tag{2.7}$$

チェスのクイーンなどの移動がチェビシェフ距離に当たる。

〔5〕 その他の距離　それ以外にもデータマイニングで用いられる距離尺度として，マハラノビス距離（Mahalanobis' distance），コサイン類似度（cosine similarity），ピアソンの積率相関係数（Pearson correlation coefficient）が挙げられる。

マハラノビス距離は，普通の距離を数学的に一般化した距離である。共分散行列の行列を $A^{-1}$ としたときに，マハラノビス距離は以下の数式で求められる。

$$d(x_i, x_j) = \sqrt{(x_i - x_j)^T A^{-1} (x_i - x_j)} \tag{2.8}$$

マハラノビス距離は，多次元の特徴量間に相関があると仮定される場合に用いられることが多い。これは，これまでのユークリッド距離などは，各次元の重要さが等しいためである。しかしながら，マハラノビス距離では軸ごとに重要度が異なると考え，それを考慮した2点間の距離を求めることができる。

これまでにいくつかの距離を示してきたが，距離の選択に迷ったときは，最も一般的なユークリッド距離を用いるのがよいだろう。もちろん，データや分析する事柄の性質によって，どのような距離や類似度を用いるべきかは異なるため，データごとにさまざまな特徴量を試していくべきである。さらには，データの特徴量ごとに用いるべき距離が異なる場合があることに留意する必要がある。

### 2.4.5 解釈と評価

2.4.4項において発見されたパターンや知識は，それが有用であるかを評価する必要がある。これは，発見された知識が目的に合致しているか，有用性などが評価観点である。どのような知識が有用であるかは，データを分析する以前に設定されている目標とどれだけ一致しているかで評価される。例えば，分析するまでもなく事前にわかっている知識は有用とはいえないだろう[†]。また，得られた知識やパターンが利用可能である必要がある。ユーザが得られた知識を解釈できなければ利用されないだろう。例えば，ある企業の中でデータマイニ

---

[†] ただし，その知識が得られたこと自体には意味がある場合がある。例えば，ある技術を開発するための前段階として，また，開発した技術のテストとして，事前にわかっていることを分析できるかということを確認するためには有用であるといえる。ある分野の新しい知識やパターンを発見するために，既知のパターンなどを発見できていることは，分析手順やアルゴリズム，データセットの正しさを評価するための指標の一つとはなりうる。

ングを用いて業務を改善するのであれば，得られた知識やパターンは業務が改善するのに役に立つかどうかを評価するべきである。

ここで，データマイニングの広義と狭義の定義について，狭義のデータマイニングは，上述したように有用な知識やパターンの抽出についてである。しかし，実際には，業務などにおいて，データマイニングという用語を用いる場合は，2.4節の冒頭で述べた五つのプロセスのすべてを示すことがほとんどだろう。

データマイニングのプロセスについて，本書で扱うソーシャルビッグデータでは，これらの処理は必要不可欠である。ソーシャルビッグデータの分析や可視化などを行う際に，それらの手法ばかりに目がいきがちかもしれないが，データの選択，前処理，変換などのパターンを発見する以前の処理は非常に重要で，データセットの質が低ければなにかを発見することは非常に難しい。そのため，繰り返しになるが，パターンを発見する以前の処理は，丁寧に注意をして行うべきである。そうすれば自ずとパターンや知識を発見しやすくなるだろう。

## 2.5 クラスタリング

### 2.5.1 概　　　要

ここでは，クラスタリング（clustering）について説明する。多変量解析などの書籍では，クラスター分析などと書かれている場合もある。クラスタリングは，教師なし学習の一種であり，データマイニングでもよく用いられるアプローチの一つである。

〔1〕 **クラスタリングとは**　クラスタリングとは，データを距離に基づいていくつかのグループに分ける処理のことである。クラスタリングでは，そのグループのことをクラスタ（cluster）という。他の言い方をすると，クラスタリングとは，データの集合 $X = \{x_1, \cdots, x_n\}$ から，それぞれのデータが属するサブセットの集合 $C = \{c_1, \cdots, c_k\}$ を作成することである。これを数式で表すと以下のようになる。

$$X = c_1 \cup \cdots \cup c_k \cup c_{\text{outlier}}, \quad c_i \cap c_j = 0 \quad (i \neq j) \tag{2.9}$$

ここで，$k$ はクラスタ数を，$c_{\text{outlier}}$ はクラスタに含まれない外れ値を表す。また，すべてのデータは，$\{c_1, \cdots, c_k, c_{\text{outlier}}\}$ のいずれかの一つのクラスタに属する。

つぎに，クラスタリングにおいて作成されるべきクラスタについて説明する。クラスタリングは，内的結合（internal cohesion）と外的分離（external isolation）の二つが達成されるようにデータをクラスタに分割する。これは，一つのクラスタ内のデータは，他のクラスタのデータよりそのクラスタ内のデータの方が類似するように分割するということである。

〔2〕 **クラスタリングの例**　ここで，図 2.8 にクラスタリングの例を示す。図 (a) は，

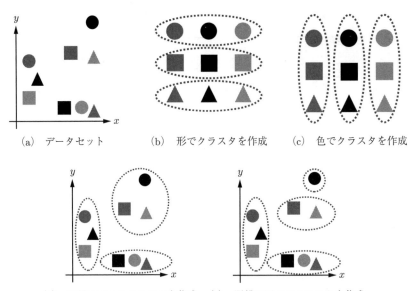

(a) データセット　　(b) 形でクラスタを作成　　(c) 色でクラスタを作成

(d) 距離で三つのクラスタを作成　　(e) 距離で四つのクラスタを作成

図 **2.8** クラスタリングの概要

クラスタリングを適用するデータセットの例である。それぞれのデータは，$x$ 座標，$y$ 座標，色，形の四次元の特徴量を持つ。これを見たときに，さまざまなクラスタの作成方法が想像可能だろう。

はじめに，一つの特徴量に基づいてクラスタリングをした場合の例として，図 (b)，図 (c) を取り上げる。図 (b) は，データの形を特徴量としたクラスタリングによって得られるクラスタリング結果の例である。この図では，三つのクラスタが得られている。図 (c) は，データの色を特徴量にした場合である。これらの二つのクラスタリング結果はどちらも正しいといえる。クラスタリングはもともとクラスが与えられていないデータセットに対して，なんらかの仮説や目的に基づく手法を適用することでクラスタを得ることができる。そのため，利用する目的などに応じてクラスタリング結果を評価する必要がある。

つぎに，二つの特徴量に基づいてクラスタリングをした場合の例として，図 (d)，図 (e) を取り上げる。図 (d) は，$x$ 座標，$y$ 座標によるデータの距離の近さによる三つのクラスタである。図 (e) は，$x$ 座標，$y$ 座標によるデータの距離の近さによる四つのクラスタである。これらの結果は，同じデータセットに対してどちらも同じ特徴量でクラスタリングを適用した例である。これらの結果もどちらが正しいかはわからない。クラスタリングでは，アルゴリズムや特徴量の選択だけではなく，アルゴリズムのパラメータや距離の指標などによっても結果が大きく異なる。

〔**3**〕　**クラスタリングの種類**　　クラスタリングでは，クラスを持たないデータをなにかしらの前提に基づいたアルゴリズムを適用することでクラスタを作成している。そのため，

特徴量，距離の計測方法，アルゴリズム，そのパラメータなどによって，クラスタリング結果は大きく異なる．さらに，事前にどのようにクラスタを作成するのがよいのかはわからない．そのため，さまざまなアプローチのクラスタリング手法がこれまでに提案されている．そして，ソーシャルビッグデータに対してクラスタリングする際には，それらをうまく使い分ける必要がある．

クラスタリングのアプローチには，以下のようなさまざまな種類がある．

- 階層的クラスタリング（hierarchical clustering）
- 分割クラスタリング（partitioning clustering）
- 密度ベースクラスタリング（density-based clustering）
- グリッドベースクラスタリング（grid-based clustering）
- 分布ベースクラスタリング（distribution-based clustering）
- 制約ベースクラスタリング（constraint-based clustering）
- スペクトラルクラスタリング（spectral clustering）

本書では，クラスタリングの基本的な手法である階層的クラスタリングから階層的凝集法，分割クラスタリングから k-means，密度ベースクラスタリングから DBSCAN について説明する．DBSCAN は，他の二つに比べて用いられる機会が少ないアルゴリズムであるが，ソーシャルビッグデータでよく扱われる緯度と経度を特徴量としたクラスタリングを行う際によく用いられる手法である．

〔4〕ハードクラスタリングとソフトクラスタリング　図 2.8 では，それぞれのデータを一つのクラスタに属するようにしている．このようなクラスタリングをハードクラスタリング（hard clustering）や排他的クラスタリング（exclusive clustering）という．それぞれのデータが一つ以上のクラスタに属することを許すクラスタリングを，ソフトクラスタリング（soft clustering）や非排他的クラスタリング（non-exclusive clustering）などと呼ぶ．一般的にクラスタリングといった場合には，ハードクラスタリングを指すことが多い．また，ソーシャルビッグデータの分析に限らずデータ分析の場面で用いられるのは，ハードクラスタリングが多い．

### 2.5.2 階層的クラスタリング

階層的クラスタリングは，データの距離に基づいてデンドログラム（dendrogram）を作成し，その結果からクラスタを得るための手法である．図 2.9 に，デンドログラムの例を示す．デンドログラムを作成するアプローチは 2 種類ある．一つは，階層的凝集法（hierarchical agglomerative clustering：HAC），もう一つは，階層的分割法（hierarchical divisive clustering）である．階層的クラスタリングを適用する場合のほとんどは，階層的凝集法を用いることが多い．ま

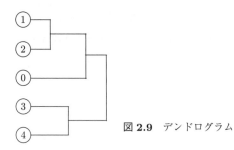

図 2.9 デンドログラム

た，多くの資料において，単に階層的クラスタリングと書いてある場合でも，階層的凝集法のことを示すことがほとんどである．本書でも階層的凝集法について説明する．

〔1〕 **階層的凝集法のアルゴリズム**　階層的凝集法のアルゴリズムは以下の通りである．

――――― 階層的凝集法のアルゴリズム ―――――

1. データの初期化
2. 最も類似する二つのクラスタを凝集
3. 終了条件を判定し，終了条件を満たす場合は，階層的凝集法を終える．
4. クラスタ間の距離の再計算
5. 2 に戻る．

データの初期化では，以下のことを行う．

1) 入力するデータを $\{x_1, \cdots, x_n\}$ とする．
2) データ $\{x_1, \cdots, x_n\}$ をクラスタ $C = \{c_1, \cdots, c_n\}$ に割り当てる．
3) それぞれのクラスタ $c_i$ の距離 $d(c_i, c_j)$ を求める．このとき，$0 \leq i, j \leq n, i < j$ とする．

はじめに，それぞれのデータをクラスタに変換する処理を行う．階層的凝集法では，距離の近い二つのデータを順番に凝集し，凝集されたものをクラスタとみなす．そのため，凝集の処理が，二つのデータの凝集，一つのデータと一つのクラスタの凝集，二つのクラスタの凝集という三つのパターンが考えられる．また，階層的凝集法の処理の終了条件によるが，一つのデータが一度も凝集されない場合がある．階層的凝集法において，それらのデータは一つのデータが属するクラスタとみなす．そこで，それぞれの凝集を行う処理を実装するのは手間なので，はじめにそれぞれのデータをクラスタとすることで，すべての凝集の処理を二つのクラスタの場合のみにするための変換を行う．

つぎに，それぞれのクラスタ間の距離を求める．クラスタ間の距離の計算は複数の方法があり，計算方法によってクラスタリング結果は変化する．

クラスタの凝集では，以下のことを行う．

1) すべてのクラスタの中で最も距離の近い二つのクラスタを選ぶ。
2) $c_i = c_i \cup c_j$ とする（ここの処理が凝集に当たる）。
3) $c_j$ を $C$ から取り除く。

この処理では，現在扱っているすべてのクラスタにおいて，距離が最も近い二つのクラスタを探索し，その二つを凝集する。

つぎに，階層的凝集法の終了条件の判定を行う。デンドログラムの作成を最後まで行うと，すべてのデータが凝集された状態となり，クラスタ数は1となる。よって，すべてのデータは一つのクラスタに属するという形になる。そのため，クラスタリングによってデータをいくつかのグループに分けようとしているのに，一つのクラスタしか得られない。複数のクラスタを得るためには，デンドログラムの途中で区切ればよい。これは，すべてのデンドログラムを得てから行ってもよいが，その条件を事前に決定する場合もある。階層的凝集法で用いられる終了条件として，以下の例が挙げられる。

- クラスタ数が1になる。すなわち，$|C| = 1$ である。
- 最も近い二つのクラスタの距離が閾値よりも大きくなる。
- クラスタ数が閾値よりも小さくなる。

一つ目は，階層的凝集法の処理を最後まで行った場合である。二つ目，三つ目は，階層的凝集法の途中で処理を終了することができる。

最後に，クラスタ間の距離の再計算についてである。これは，ある凝集の段階において，凝集した結果のクラスタと，それ以外のクラスタの距離を再計算する処理である。

〔2〕 **階層的凝集法における二つのクラスタ間の距離**　クラスタ間の距離を求める方法は，以下の四つがよく知られている。

- 最短距離法（minimum distance method），単リンク法（single linkage method）
- 最長距離法（maximum distance method），完全リンク法（complete linkage method）
- 群平均法（average linkage method），無荷重平均距離法（UPGMA）
- Ward法（Ward's method），最小分散法（minimum variance method）

〔3〕 **最短距離法**　最短距離法では，二つのクラスタ間の距離を求めるときに，それらのクラスタに含まれるデータ間の距離が最も小さいものをクラスタ間の距離とする。これは，二つのクラスタ $c_i$, $c_j$ の距離を $d(c_i, c_j)$ としたときに，以下の式で求められる。

$$d(c_i, c_j) = \min_{x_{ik} \in c_i, x_{jl} \in c_j} d(x_{ik}, x_{jl}) \tag{2.10}$$

最短距離法による階層的凝集法の手順を図で表すと，**図 2.10** のようになる。図において，クラスタを実線の番号付きの丸，クラスタ間の距離を点線，最も近いものを実線で表現している。この図では，五つのデータ（0, 1, 2, 3, 4）が存在する。最初に，データ1を含むクラスタ

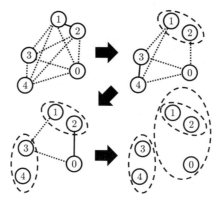

図 2.10 最短距離法

とデータ2を含むクラスタの距離が最も近いので，凝集することでデータ1とデータ2を含むクラスタを作成する．つぎに，データ1とデータ2を含むクラスタとそれ以外のクラスタの距離を比較する．その際に，例えば，データ1とデータ2を含むクラスタとデータ3を含むクラスタのそれぞれの距離を求める．このとき，データ1とデータ3，データ2とデータ3の距離が近い方をそれらのクラスタの距離とする．この処理をすべてのクラスタが凝集されて一つのクラスタになるか，なんらかの条件を満たすまで続ける．図 2.10 の処理で得られたデンドログラムは，図 2.9 である．

最短距離法で行われる階層的凝集法は，外れ値に弱く，チェイニング（chaining）と呼ばれる現象が起きやすい．これは，データの分布が鎖状などにつながっているときに，意図しないクラスタリング結果が得られる現象のことである．図 2.11 にチェイニングの例を示す．図のようなデータに対して最短距離法を適用すると，丸で囲まれた二つのクラスタが得られる．この結果は，おそらく意図している結果ではないだろう．しかしながら，最短距離法による階層的凝集法では，しばしばこのような結果が得られる場合がある．

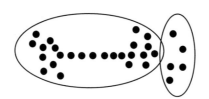

図 2.11 チェイニング

〔4〕 最 長 距 離 法　最長距離法は，図 2.12 に示すように，二つのクラスタ内の最も距離の遠いデータをクラスタの距離とする方法である．この図では，三つのクラスタ間のそれぞれの距離を求めた場合の例を示している．矢印付きの実線と破線で示されているのは，二つのクラスタに含まれるデータのすべての組み合わせで最も距離が遠いデータである．そ

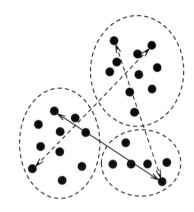

図 2.12 最長距離法

して，その中で矢印付きの実線が，距離が最も短い二つのクラスタであり，最長距離法ではこれらのクラスタを凝集していく。最長距離法の距離 $d(c_i, c_j)$ は以下の式によって求められる。

$$d(c_i, c_j) = \max_{x_{ik} \in c_i, x_{jl} \in c_j} d(x_{ik}, x_{jl}) \tag{2.11}$$

最長距離法の性質として，同じようなサイズのクラスタができやすいこと，チェイニングによる影響は受けないことがある。ただし，最長距離法も外れ値には頑健でない。

〔5〕**群平均法** 群平均法は，図 2.13 に示すように，二つのクラスタ内のすべてのデータのペアの距離の平均値をクラスタ間の距離とする方法である。これは，二つのクラスタ間の距離を $d(c_i, c_j)$ としたときに，以下の式で求められる。

$$d(c_i, c_j) = \frac{1}{|c_i||c_j|} \sum_{x_{ik} \in c_i, x_{jl} \in c_j} d(x_{ik}, x_{jl}) \tag{2.12}$$

群平均法は，外れ値に強く，最短距離法と最長距離法の中間的なクラスタを生成する特徴がある。

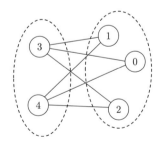

図 2.13 群平均法

〔6〕**Ward 法** Ward 法は，各データと重心の距離の 2 乗和を利用する。これは，以下の式によって定義される。

$$d(c_i, c_j) = E(c_i, c_j) - (E(c_i) + E(c_j)) \tag{2.13}$$

$$E(c_i) = \sum_{c \in c_i} d(c, W(c_i)) \tag{2.14}$$

$$E(c_i, c_j) = \sum_{c \in c_i \cup c_j} d(c, W(c_i \cup c_j)) \tag{2.15}$$

ここで，$W(c_i)$ はクラスタ $c_i$ の重心を表す．$E(c_i)$ はクラスタ $c_i$ の重心とそれぞれのデータの差を表している．そのため，Ward 法における二つのクラスタ間の距離の定義は，それぞれのクラスタの各データの重心までの距離と，それを凝集したときの重心までの距離の差分を求めている．Ward 法は，外れ値に強く，階層的凝集法で用いられる距離の計算方法の中でも，直感的なクラスタが得られやすい方法として知られている．階層的凝集法を用いる場合には，とりあえず，Ward 法を使っておくのがよいだろう．

〔**7**〕**距離の更新**　これまでに，階層的凝集法に用いる二つのクラスタ間の距離の求め方を説明してきた．ここでは，凝集されたクラスタとそれ以外のクラスタの距離の更新方法について説明する．これによって，データの特徴量からクラスタ間の距離を計算するのではなく，これまでにすでに計算されているクラスタ間の距離を用いて計算することができるようになる．階層的凝集法では，Lance-Williams の更新式（Lance-Williams updating formula）と呼ばれる以下の式を用いて更新する．

$$d_{kc} = \alpha_1 d_{ka} + \alpha_2 d_{kb} + \beta d_{ab} + \gamma |d_{ka} - d_{kb}| \tag{2.16}$$

ここで，$\alpha_1$, $\alpha_2$, $\beta$, $\gamma$ は係数である．また，それ以外の記号については**図 2.14** に示す．図では，クラスタ 0 とクラスタ 1 を凝集したクラスタとクラスタ 2 の距離 $d_{kc}$ を Lance-Williams の更新式によって求めている．Lance-Williams の更新式の係数について，**表 2.4** に示す．こ

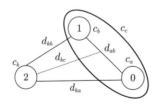

図 **2.14** Lance-Williams の更新式

表 **2.4** Lance-Williams の更新式の係数

|  | $\alpha_1$ | $\alpha_2$ | $\beta$ | $\gamma$ |
|---|---|---|---|---|
| 最短距離法 | $\dfrac{1}{2}$ | $\dfrac{1}{2}$ | 0 | $-\dfrac{1}{2}$ |
| 最長距離法 | $\dfrac{1}{2}$ | $\dfrac{1}{2}$ | 0 | $\dfrac{1}{2}$ |
| 群平均法 | $\dfrac{|c_a|}{|c_c|}$ | $\dfrac{|c_b|}{|c_c|}$ | 0 | 0 |
| Ward 法 | $\dfrac{|c_k|+|c_a|}{|c_k|+|c_c|}$ | $\dfrac{|c_k|+|c_b|}{|c_k|+|c_c|}$ | $-\dfrac{|c_k|}{|c_k|+|c_c|}$ | 0 |

れを用いることで，凝集によって新たに生成されたクラスタと他のクラスタの距離の計算を定数時間で行うことが可能になる。

### 2.5.3 k-means

k-means は，分割最適化クラスタリング（partitional optimization clustering）と呼ばれる手法の一種である[†]。分割最適化クラスタリングでは，よいクラスタを表現する目的関数を定義し，その目的関数を最適化するようにデータを分割する。

k-means では，クラスタ数 $k$ は既知の状態で，データを $k$ 個のクラスタに割り当てる。それぞれのデータとそれぞれのクラスタの重心との距離を求めて，最も距離の近いクラスタにデータを割り当てるという考え方である。

〔1〕 **k-means のアルゴリズム**　k-means のアルゴリズムを以下に示す。

---
**k-means のアルゴリズム**

1. 初期化の処理として，$x_i$ $(i = 1, \cdots, n)$ を $k$ 個のクラスタにランダムに割り当てる。
2. クラスタの重心 $v_j$ $(j = 1, \cdots, k)$ を求める。
3. 各重心 $v_j$ と各データ $x_i$ の距離 $d(x_i, v_j)$ を求める。
4. データに最も近い重心のクラスタをそのデータが属するクラスタとする。
5. 終了条件を判定する。もしも終了条件を満たさなければ，2 に戻る。

---

k-means の終了条件は，クラスタへデータを割り当てた結果が前回の処理の結果と変化していなければ終了とするのが一般的である。また，クラスタの重心の移動距離が閾値を下回った場合に終了するという条件を加える場合もある。これは，クラスタがほとんど変化していないことを表している。それ以外にも，処理の回数を終了条件とする場合もある。この方法は，データ数が非常に多い場合など，ある程度のクラスタが得られればよいときなどに用いられる。

図 2.15 にこのアルゴリズムを図にしたものを示す。図では，クラスタ数を $k = 2$ とし，九つのデータ（丸）とランダムでクラスタの初期値（四角形）を与えている。そして，二つのクラスタとデータとの距離を算出し，データを距離が近い方のクラスタに割り当てて，その結果に基づいてクラスタの重心を更新している。図において，二つのクラスタが徐々に移動していく様子がわかるだろう。このように k-means では，データの分布に対して，データの想定されるグループの重心に対してクラスタの重心を移動していくことで直感的なクラスタを得ている。

---

[†] 分割クラスタリング（partitioning clustering, partitional clustering）と呼ばれることや，階層的クラスタリングとの対比として，非階層的クラスタリング（non-hierarchical clustering）と呼ばれることもある。

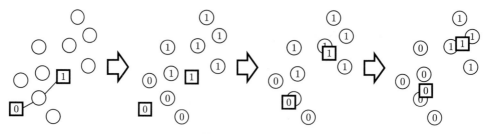

図 2.15 k-means

〔2〕 k-means の特徴　k-means では，以下のような欠点が知られている。
- 初期値に依存して局所的最適解を求める場合がある。
- 重心の初期値に結果が強く依存する。
- 最適なクラスタ数 $k$ を与える必要がある。
- 外れ値に敏感である。
- 超球†のクラスタしかうまく扱えない。

図 2.16 と図 2.17 において，四角がクラスタの重心で，丸がデータである。そして，それらの番号がクラスタである。図 2.16 は大域的最適解（global optimal solution），図 2.17 は局所的最適解（local optimal solution）のイメージ図である。k-means では，初期値によって得られるクラスタは変化する。そして，その結果がわれわれの直感と異なる場合がある。また，k-means では，クラスタ数 $k$ は事前に設定する必要があるが，その適切な値を予想するのは困難である。k-means では，クラスタリングをしたいデータに対して適切でない初期値が与えられた結果，望ましくないクラスタが得られることを留意しておく必要がある。

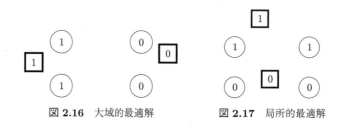

図 2.16　大域的最適解　　図 2.17　局所的最適解

ここまで，多くの欠点を取り上げたが，それでも k-means は頻繁に用いられるクラスタリング手法の一つである。k-means のアルゴリズムの利点として，以下のことが挙げられる。
- アルゴリズムが簡単である。
- 実装が簡単である。
- クラスタリングのために用いられるライブラリのほとんどに実装されている。
- 高速である。

---

† 球を $n$ 次元空間に一般化したもので，二次元なら円，三次元なら球である。

最初の三つは階層的凝集法も同様であるが，k-means の特徴として高速であることが挙げられる。階層的凝集法やつぎに説明する DBSCAN よりも速くクラスタリング結果を得られることが多い。そして k-means では，クラスタの重心の計算とデータのクラスタへの割り当てを繰り返していくが，ある程度の繰り返しを行えば，おおよそのデータは最終的に属するクラスタに割り当てられる。そのため，その繰り返しの処理の最中に処理を停止させてもほとんど適切なクラスタリング結果が得られることが多い。結果的に，アルゴリズムの速さだけではなく，k-means のアルゴリズムの性質として，他のアルゴリズムと比べて高速にクラスタリング結果を得ることができる。

ここで，k-means と階層的凝集法は，どちらもクラスタリングにおける代表的な手法でよく用いられる。どちらの手法を採用するべきかについては，データの量が少なければ階層的凝集法，多ければ k-means でやってみるとよいだろう。

### 2.5.4 DBSCAN

DBSCAN (density-based spatial clustering of applications with noise)[104] は，密度ベースのクラスタリング手法である。密度ベースのクラスタリング手法は，データの分布の中でデータの密度が高い領域をクラスタと判定する。言い換えると，あるデータの周辺の領域に多くのデータが存在すれば，そのデータは密度が高いとみなされ，その領域はクラスタであるとされる。

DBSCAN の基本的な考え方は，あるデータを基準とした円の中に含まれるデータの個数が閾値よりも大きければ，そのデータはクラスタであるという考え方である。DBSCAN は，半径 $\varepsilon$ と，$\varepsilon$ 内にあるデータの個数の閾値である $minPts$ によって制御される。DBSCAN のデータの扱いとして，データは三つのクラス，コア点 (core point)，密度到達可能点 (density-reachable point)，外れ値（outlier）に分類される。図 **2.18** のデータ $x_i$ について，半径 $\varepsilon$ 以内（破線円）に $minPts$ 個以上のデータが含まれていれば，そのデータ $x_i$ はコア点である。これは，閾値を満たす場合は，点 $x_i$ の周辺の密度が高い状態を表しており，そのデータ $x_i$ はクラスタとみなされる。つぎに，コア点 $x_i$ に着目すると，半径 $\varepsilon$ 内にある点は，密度到達可能点である。$minPts$ が 5 以下ならば，点 $x_i$ はコア点となる。密度到達可能点を $x_j$ としたときに，つぎの数式で表される。

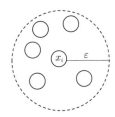

図 **2.18** コア点と密度到達可能点

$$x_j \in \varepsilon(x) \tag{2.17}$$

$$|\varepsilon(x)| \geq minPts \tag{2.18}$$

そして，このコア点の半径 $\varepsilon$ 内にある密度到達可能点がコア点であるかを判定し，コア点であればそのコア点からの密度到達可能点を求める処理を繰り返していく。この処理をあるコア点からはじめたときに得られたコア点と密度到達可能点を一つのクラスタとする。この処理をすべてのデータに対して行い，コア点でも密度到達可能点でもないデータが外れ値となる。

ソーシャルビッグデータにおいて，緯度と経度の情報に基づいてクラスタを得たい場合がある。例えば，多くの人々が訪れる場所をクラスタ[†]として可視化する場合などに DBSCAN は用いられる。

## 2.6 分　　　類

### 2.6.1 概　　　要

分類は，未知のデータにクラスを与えるための処理である。教師あり学習において最もよく行われるタスクで，これまでに多くの手法が提案されている。

分類を行うためのアプローチとして，以下のようなものが挙げられる。

- 木構造の利用（決定木）
- 判別分析（線形判別，SVM）
- ニューラルネットワーク
- 確率モデル（ナイーブベイズ）
- アンサンブル学習（バギング，ブースティング）
- その他（k 近傍法，ディープラーニング）

カッコの中身は，それぞれの代表的な手法である。以下では，これらのいくつかについて解説する。

### 2.6.2 k 近 傍 法

k 近傍法（k-nearest neighbor method：KNN）は，トレーニングデータの中から $k$ 個の近傍のデータを探索し，そのクラスを参照することで未知のデータを分類する手法である。

〔1〕 **k 近傍法のアルゴリズム**　　k 近傍法では，トレーニングデータを保存し，未知のデータが入力されたときにすべてのトレーニングデータと距離を比較し，近い $k$ 個のデータ

---

[†] これは，ホットスポット（hotspot），AOI（area of interest），ROI（region of interest）などと呼ばれる。

のクラスを参照し，その多数決で未知のデータのクラスを決定する。k 近傍法のイメージを図 2.19 に示す。図は，二次元の特徴量を持ち，「丸」と「星」の二つのクラスがあるトレーニングデータとする。そして，四角で囲まれた「?」の位置に未知のデータが入力されたとする。その際に，トレーニングデータの近くに書かれている数字は「?」から見たユークリッド距離の近い順の通し番号である。

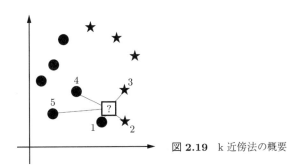

図 2.19 k 近傍法の概要

k 近傍法において，「?」のデータは，トレーニングデータの中で近傍の $k$ 個のデータを参照し，それらのクラスを確認する。$k=1$ ならば，近傍のデータは「丸」なので，「?」のデータのクラスは，「丸」と分類される。この場合を特別に最近傍法（nearest neighbor method）と呼ぶ。

つぎに，$k$ を増やした場合について考える。$k=3$ ならば，「?」から近い三つのトレーニングデータは，「丸」「星」「星」となるので，「?」は「星」と分類される。$k=5$ ならば，「?」から近い五つのトレーニングデータは，「丸」「星」「星」「丸」「丸」となるので，「?」は「丸」と分類される。このように，k 近傍法では，未知のデータに距離が近いトレーニングデータを参照し，そのクラスの中で多数決を行い，その結果を割り当てる。

$k=3$ の場合と $k=5$ の場合で比較すると，未知のデータである「?」が分類されるクラスが変化する。そのため，k 近傍法では，$k$ に適切な値を設定することが分類性能を高めるために重要である。しかし，適切な $k$ はデータに大きく依存するため，事前に適切な $k$ を決定するのは難しい。$k$ の値は大きい方がノイズによる影響を軽減できるが，距離を計算するデータ数が増加するのに加えて，クラスの境界がわかりづらくなる。

ここまでは，二つのクラスを分類するために $k=3$ などの $k$ が奇数の場合の k 近傍法を扱ってきた。これは，トレーニングデータに二つのクラスのみが含まれている場合にその方がわかりやすいためで，k 近傍法自体は，三つ以上のクラスを分類することが可能である。例えば，$k=3$ で三つの距離の近いトレーニングデータのクラスを参照した場合に，「丸」「星」「四角」など，未知のデータのクラスを多数決により決定できない場合がある。このような場合は，k 近傍法に工夫をすることで，うまく対処することができる。図 2.19 において $k=2$,

$k=4$ の場合を考える。これらの場合,「?」から近いトレーニングデータは,それぞれ「丸」「星」と「丸」「星」「星」「丸」になる。よって,「?」のクラスを多数決で決定することはできない。そのため,$k=2$ の場合,「?」からのそれぞれのトレーニングデータについての距離を参照して,最も近いデータのクラスを割り当てる（$k=2$ の場合の「?」のクラスは,「丸」になる）。

〔2〕**k 近傍法のアルゴリズムの性質**　k 近傍法は,アルゴリズムが比較的単純であるがよい性能を示すことも多い。k 近傍法のアルゴリズムの性質の一つとして,怠惰学習（lazy learning）が挙げられる。これは,k 近傍法の分類器の作成の際に,トレーニングデータをメモリに配置するだけで学習が完了するためである。言い換えると,k 近傍法は学習の段階ではなにも計算しない。

また,k 近傍法は,メモリベースの学習（memory-based learning）,事例に基づく学習（instance-based learning）などと呼ばれる手法であることが挙げられる。これは,トレーニングデータを学習する際に,なにかしら計算した結果を分類器とするのではなく[†],トレーニングデータを分類器としている。このメモリベースの学習の利点として,トレーニングデータを直接に分類に用いているため,データの増減によって簡単に分類器を操作することができる点が挙げられる。そのため,トレーニングデータを増加させる際にも,複雑な計算を必要とせずに,ただ k 近傍法の分類器にデータを追加すれば,より多くのデータを用いた k 近傍法の分類器を生成することが可能である。

〔3〕**k 近傍法のアルゴリズムの欠点とその対処**　k 近傍法の欠点として,分類速度が比較的遅い点が挙げられる。これは,k 近傍法が怠惰学習であり,未知のデータが分類器に入力されてからトレーニングデータのすべてのデータと未知のデータの距離を計算するためである。この欠点への対策として,以下の四つのアプローチがよく知られている。

① データのサンプリング
② 特徴選択による次元の削減
③ kd-tree[105]などを用いた効率的な探索の実現
④ LSH（local sensitive hashing）[106]などのハッシュの利用

それぞれのアプローチについて,本書では詳しく取り扱わないが簡単に説明する。①データのサンプリングは,トレーニングデータの中から分類性能の向上に寄与するデータのみを取り出してトレーニングデータとして用いるという考え方である。k 近傍法の性質として,あるデータとほぼ同じ地点にある他のデータは,分類への寄与が少ない。また,分類のノイズになるデータを削除できる可能性がある。そのため,トレーニングデータをサンプリングすることによって,計算を高速にしつつ,分類をより高性能に行える可能性がある。

---
[†] これは,2.6.4 項に出てくる SVM の分離超平面などが該当する。

また，高次元の特徴量の場合，データの次元の呪いを回避するために，k近傍法を適用する前に②次元削減が適用される場合が多い。これらの二つのアプローチは，トレーニングデータを操作するという考え方である。

また，③，④のアプローチは，未知のデータがk近傍法の分類器に入力されてから距離の近いk個のデータの探索を高速にするという考え方である。例えば，③kd-treeを用いるのは探索の高速化のためである。一方，④LSHを用いる場合は，近傍のデータ探索を高速にするのではなく，近似するデータを取得している（LSHは，ハッシュアルゴリズムの一つであるが，類似するデータを同じハッシュ値とする）。これらの四つのアプローチは，k近傍法では頻繁に用いられるのに加えて，多くのデータマイニングで採用されている考え方，アプローチである。

### 2.6.3 決　定　木

決定木（decision tree）は，教師あり学習の手法の一つで，データセットから樹形図を作成し，その結果を分類に利用する手法である。樹形図とは，データの集合をなんらかの基準で枝分かれさせることで，データを表現する図である。

〔1〕**決定木のアルゴリズム**　決定木のイメージを図 **2.20** に示す。図のデータセットでは，四つのクラスが含まれており，記号の形と線の太さでそれぞれのクラスを表している。初期状態において，データ空間にトレーニングデータを配置した状態とする。

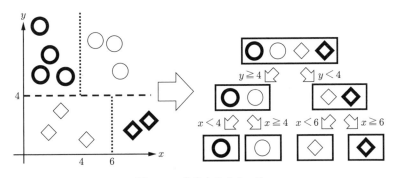

図 **2.20**　決定木のイメージ

最初に，左図において，記号の形で分けるように空間を分割（破線）することで，データを二つのクラスに分割する。これは，$y$ が 4 以上かどうかで分類している。この結果を決定木で表すと，右図の結果となり，四つの記号を二つのクラスに分類している。しかし，この段階では，まだ四つのクラスから二つのクラスに絞り込まれただけなので分割を続けるとする。つぎに，それぞれについて空間を点線のように分割することで，それぞれのクラスを分割することが可能である。「ひし形」については $x$ が 6 以上か，「丸」については $x$ が 4 以上

かどうかで分類している。その結果，それぞれのノードには1種類のクラスのデータしか属していないので分割を終了する。

トレーニングデータを学習した決定木は樹形図で表現されるが，図2.20左図のトレーニングデータを含む空間を多次元の矩形に再帰的に分割するモデルといえる。

これで未知のデータが決定木に入力されたときに，最初に$y$の値を基準として分割し，つぎに$y$の分割結果に従った$x$の基準で分割することで，データのクラスを分割することが可能となった。この処理をアルゴリズムとして表すと以下のようになる。

---
**決定木のアルゴリズム**

1. トレーニングデータのすべてのデータを含むノードを一つ作成する（これは根ノードなどと呼ばれる）。
2. なんらかの基準でノードに含まれるデータを最も効率よく分割するための特徴量を選択する。
3. その基準に基づいてそのノードに含まれるデータの部分集合を子ノードに属させる。
4. 終了条件を判定する。もしも終了条件を満たさなければ，2に戻る。

---

決定木は，トレーニングデータを段階ごとにサブセットに再帰的に分割していく分割統治法[†]によるアルゴリズムである。また，決定木のアルゴリズムの性質として，ある評価基準によってデータ分割を行った場合，以降のデータ分割で後戻りはできない。そのため，決定木は，貪欲なアルゴリズム（greedy algorithm）であるといえる。

〔2〕**よい決定木**　ここで，よい決定木について考えることとする。よい決定木とは，分類の性能が高い，かつ浅い木である。ここで浅さとは，根のノードから葉のノードまでの深さを表している。テストデータを入力したときに，ノードをたどる回数は少ない方がよいし，分類性能は高い方がよいということである。これは，なにかの事柄を説明するため，必要以上に多くを用いるべきではないというオッカムの剃刀（Occam's razor）と呼ばれる考え方である。

ちなみに，最小の決定木を構築するのは，NP困難な問題として知られている。そのため，ある評価基準によって分割して，ある程度の時間内で実用上十分な決定木を構築する。このある程度の時間内でというのを達成するために，前述した貪欲なアルゴリズムで決定木を構築している。

〔3〕**CART**　つぎに，決定木において，ノードを分割するための方法について簡単に説明する。一つ目は，GINI係数（GINI index）を用いる手法で，これはCART（classification and regression trees）と呼ばれる決定木である。

---

[†] 大きな問題を小さな問題に分割し，それぞれの問題を解くことで大きな問題を解くアプローチである。

CARTでは，ノードを分岐させる際に，GINI係数で表される不純度が減少するようにノードを分割する．不純度が 0 なら純粋で，1 に近いほど不純であるとされる．GINI係数は，クラス $c_i \in C$ のすべてのデータに対する割合を $P(c_i)$ としたときに以下の数式で求める．

$$G(c_i) = 1 - \sum_{c_i \in C} P(c_i)^2 \tag{2.19}$$

そして，これを用いて，二つのクラス $c_i$, $c_j$ に対して以下を求める．

$$GS(c_i, c_j) = \frac{|c_i|}{|N|} G(c_i) + \frac{|c_j|}{|N|} G(c_j) \tag{2.20}$$

この $GS$ を最小にする分割方法で分割する．

〔4〕**ID3**　　つぎに，ID3 と呼ばれる情報利得（information gain）による決定木を説明する．情報利得とは，2.4.4項で述べたカルバック・ライブラ情報量のことで，エントロピーと条件付きエントロピーから計算することができる．これらのエントロピーは情報理論などに関する書籍に詳しく記載されているのでそちらを参照されたい．

情報利得について，クラス $c_i \in C$，分割に用いる特徴を $x_a \in X$ としたときに，以下の式で情報利得を求める．

$$Gain(x_a) = H(c_i) - H(c_i|x_a) \tag{2.21}$$

ここで，$H(c_i)$ は $c_i$ のエントロピー，$H(c_i|x_a)$ は条件付きエントロピーを表す．ID3 では，この $Gain(x_a)$ が最大になるような特徴 $x_a$ に基づいて分割する．

〔5〕**過　学　習**　　ここで，過学習（overtraining），過剰適合（overfitting）などと呼ばれる現象について説明する．過学習とは，学習の際にトレーニングデータに対して分類器が過剰に適合したために，未知のデータに対する分類性能を分類器が十分に確保できていない状態である．トレーニングデータ以外の未知のデータに対する分類能力のことを汎化能力（generalization）などと呼ぶ．決定木では，過剰に細かく木を分割するなどによって，しばしば過学習が発生する場合がある．

そこで，決定木の分類性能を高めるために，枝刈り（pruning）が行われることが多い．ID3 の場合は，情報利得がほとんど変化しなくなるまでデータの分割を行うと，木が過剰に分割されることが多いので枝刈りを適用する．例えば，決定木を作成した後に，トレーニングデータによる部分木の分類のエラーとその部分木が持つ葉ノードの数に基づいて枝刈りを行う．

〔6〕**決定木の特徴**　　決定木の短所としては，分類性能が他の手法よりも高くないことが多いこと（SVM など）や，トレーニングデータが少し変わるだけで，まったく異なる木が作成されることが挙げられる．

一方，決定木のよい点として，外れ値や欠損値に強いことが挙げられる．また，他の手法

と比べて学習時間も十分に速い場合が多いこと，さらに，決定木の特徴で重要なこととして，モデルの可読性が高いことがよく知られている。これは，分類器が木構造なので，分類器の中でデータがどのように分類されるのかがわかりやすいということである。そのため，単純に分類性能のみを優先したい場合は他の手法を用いる方がよいが，データの分類がどのような基準で行われているかなどを知りたいときに決定木を使うのがよい。

### 2.6.4 SVM

SVM（support vector machine）[107]は，教師あり学習の分類の中で頻繁に用いられる手法で，線形判別分析（linear discriminant analysis：LDA†）の一種である。

〔1〕 **線形判別分析**　線形判別分析とは，線形分離用の超平面（hyperplane，以下，線形分離超平面）を用いた分類手法全般のことを示す。線形判別分析では，図 **2.21** に示すように，空間に一つの超平面を配置し，超平面の上の領域と下の領域で二つのクラス「丸」「星」を分類する。超平面とは，平面を一般化したもので，$n$ 次元の空間における $n-1$ 次元の平坦な部分空間である。二次元の空間における超平面は直線であり，三次元の空間における超平面は平面である。例えば，二次元空間の線形判別分析において，二つのクラスを分類する基準は，直線よりもデータが上の空間にあるか下の空間にあるかである。ここで，線形判別分析では，未知のデータが入力されたときに超平面を基準にデータを分割するので，2 クラス分類に適用される。線形判別分析では，マルチクラス分類に適用する場合は，複数の線形判別器を作成するなどの工夫が必要になる。

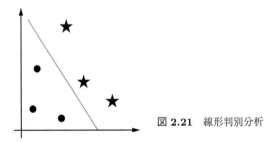

図 **2.21**　線形判別分析

〔2〕 **線形分離可能**　つぎに，線形分離可能（linearly separable）と線形分離不可能（linearly unseparable）について説明する。図 2.21 のように，一つの線形分離超平面を用いることで，超平面を基準とした二つの空間のそれぞれに一つのクラスのみが存在する状態を作成可能な場合を線形分離可能と呼ぶ。図 **2.22** の場合は，一つの線形分離用の超平面で，その状態を作ることはできない。これを線形分離不可能と呼ぶ。

〔3〕 **最適な線形分離超平面**　SVM では空間における最適な線形分離超平面を求める。図 **2.23**（a）が最適な線形分離超平面のイメージである。二つのクラスを分離する超平面の

---
† テキストマイニングなどで用いられる latent Dirichlet allocations とは別物である。

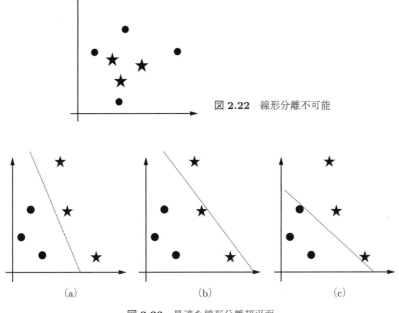

図 2.22 線形分離不可能

図 2.23 最適な線形分離超平面

中で，汎化能力が高い超平面が最適な線形分離超平面である。他の図 (b)，図 (c) について，これらの線形分離超平面は最適ではない。図 (b) は，超平面の下の空間で二つのクラスが混ざっているため，二つのクラスを分離する超平面ではない。また，図 (c) は汎化能力が低い線形分離超平面である。SVM では，図 (a) のような線形分離超平面を作成する。

SVM では，図 2.23 (a) のような最適な線形分離超平面を求めるために，マージン最大化というアプローチをとる。SVM におけるマージンとは，二つのサポートベクトルによって生成されるそれぞれの支持超平面 (supporting hyperplane) と，分離超平面の距離である。**図 2.24** にこれらの関係を示す。サポートベクトルは，トレーニングデータにおいてあるクラスのデータの中で最も他のクラスに近いデータのことである。また，支持超平面は，サポートベクトル

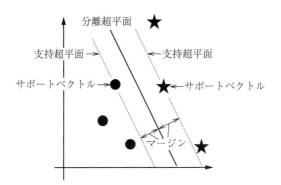

図 2.24 SVM の支持超平面などの関係

を含む超平面である。マージンを最大化することで，高い汎化能力を得ることが期待される。

〔4〕 カーネルトリック　これまでに説明したSVMは，線形分離可能なデータに対してのみにしか適用できない。そこで，線形分離不可能なデータに適用するための工夫として，カーネルトリック（kernel trick）を用いる。カーネルトリックは，ある次元数のデータをより高次元空間に写像することである。例えば，図 **2.25** のような一次元のデータを考えると，これは線形分離不可能である。しかし，これを $f(x) = x^2$ で二次元に写像すると，線形分離超平面が定義可能となる。カーネルトリックによりデータを高次元空間に写像することで，データをまばらにし，最適な線形分離超平面を得やすくすることができる。

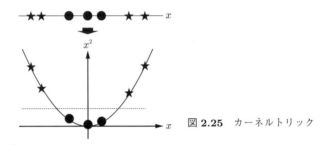

図 **2.25**　カーネルトリック

〔5〕 ソフトマージン SVM　つぎに，ソフトマージン SVM について説明する。これは，線形分離不可能な問題に対しても，SVM を適用するための工夫である。図 **2.26** のような場合は，線形分離超平面によって完全にデータのクラスを分割することができない。そこで，線形分離超平面によって分割できない場合は，罰則を考慮することで，よりよい線形分離超平面を得る。このときの罰則は，図における線形分離超平面と違反しているデータの距離 $\xi$ によって求まる[†]。

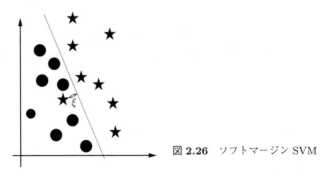

図 **2.26**　ソフトマージン SVM

SVM は，分類性能が比較的高い手法として知られており，これまでに多くの場面で用いられてきた。近年は，ディープラーニングなどの手法が盛んに用いられるようになっているが，ディープラーニングでは十分な学習を行うのに必要なトレーニングデータの量が多いことや，パラメータなどのチューニングが大変であることなどの課題があるため，少量のデー

---

[†] スラック変数（slack variable）と呼ばれる。

タセットで学習を行いたい場合などは，SVM などの手法をあえて選択する場合もある。

### 2.6.5 ディープラーニング

ディープラーニング（deep learning, 深層学習）は，コンピュータの発達や大量のトレーニングデータが Web 上などから入手可能になったことから，ここ数年で流行しているアプローチである。

ディープラーニングという用語自体は，特定のアルゴリズムを指すわけではなく，ある種の手法の総称である。ディープラーニングと呼ばれるのは，4 層以上の多層のニューラルネットワークである。一般的に，ニューラルネットワークは，入力層，出力層，隠れ層の三つの層から構成されているが，この中で隠れ層を複数にしたネットワークによる手法をディープラーニングと呼ぶことが多い。

これまでに，ネットワークの構成や，ネットワーク内で用いる手法によってさまざまな手法が提案されている。ディープラーニングの手法の例を以下に示す。

- 畳み込みニューラルネットワーク（convolutional neural network：CNN，ConvNet）
- 再帰型ニューラルネットワーク（recurrent neural network：RNN）
- 敵対的生成ネットワーク（generative adversarial network：GAN）
- 深層強化学習（deep q-network：DQN）

CNN は，画像認識などの分野でよく使われるディープラーニングの手法である。また，RNN は文書生成や音声認識，GAN は画像生成，DQN はロボットやゲームの CPU などでよく用いられている。本書では，CNN について概要を簡単に説明する。

CNN は，畳み込み層（convolution layer）とプーリング層（pooling layer）で構成されている。これらを組み合わせて画像の分類などを行う。

畳み込み層は，画像にフィルタを適用する層である。この層では，一つの画素にフィルタを適用する[†]。これをすべての画素に対して行う（言い換えると，画像の右上から左下まですべての画素に対してフィルタをスライドさせて，その結果を得る）。画像処理では，この処理のことを畳み込みと呼ぶため，畳み込み層と呼ぶ。その際に，CNN ではすべての画素にフィルタを適用せずに，適宜飛ばしていく場合がある。また，畳み込みニューラルネットワークでは，このときのフィルタを一つではなく，複数の種類のフィルタを用いる場合も多い。これは，一つのフィルタではわからない画像の特徴を把握するためである。

プーリング層は，畳み込み層で得たフィルタの結果の特徴を保ちつつ，画像を小さくする処理を行う。フィルタを適用した結果において，例えば，$2 \times 2$ のピクセルの中から最大値を

---

[†] これは，例えば，フィルタが $3 \times 3$ の場合，注目する一つの画素とその周辺 8 マスの画素の値にそれぞれ重みを付けて合計する処理である。

選ぶ処理を行う（max pooling と呼ばれる）。この結果，画像は，フィルタの結果の特徴を保ったまま 1/4 のサイズに縮小される。この処理を複数回適用することで，画像の位置に依存しないその画像の特徴を取得することができる。

実際の CNN では，畳み込み層とプーリング層を繰り返して適用することで，画像の特徴を取り出し，圧縮して，また特徴を取り出す処理を繰り返していく。これらの繰り返しの途中では，rectified linear units（ReLU）などの活性化関数が用いられる。ReLU は，フィルタを適用する途中で，画素値が負の値になった場合に 0 にする。この処理は，CNN の処理をうまく収束させるために非常に重要な処理である。

ディープラーニングは，ディープラーニングの流行以前によく用いられていた SVM や決定木と比較して，高い性能を示したことから注目を集めている。結果として，近年は非常に多くのタスクにおいてディープラーニングが用いられている。しかし，闇雲にディープラーニングを適用すればよいというわけではない。

これまで，さまざまな分類手法の概要を説明してきたが，重要なのはタスクに合わせて適切な手法を選択することである。ディープラーニングは，SVM などと比較して，多くのトレーニングデータと，非常に高いコンピュータの処理能力が必要である。また，本書では扱っていないが，他の手法と比較してもパラメータ数が多い。そのため，分析したいデータやタスクの性質によっては，ディープラーニングではなく，SVM などの手法を利用した方がより少ないコストで十分な成果を得られる場合がある。

## 2.7 その他の手法

### 2.7.1 アンサンブル学習

アンサンブル学習（ensemble learning）は，複数の学習器を組み合わせることで高性能な学習器を作成するアプローチである。

機械学習で作成する学習器の達成するべき目標は，高い分類性能と汎化性能を得ることである。学習器の性能を向上させるというのは当然であるが，目標を達成するために一つの学習器のみを使うという制約はない（はずである）。そこで，アンサンブル学習は，複数の学習器を組み合わせることで分類の性能を向上させる。

図 2.27 にアンサンブル学習の概要を示す。アンサンブル学習を簡単に説明すると，複数の弱学習器（weak learner）を作成する。そして，それぞれの弱学習器の分類結果に基づいて多数決を行う処理を一つの強学習器（strong learner）が担うのがアンサンブル学習である。

つぎに，なぜアンサンブル学習が有効なのかを簡単に説明する。例えば，2 クラス分類について，三つの弱学習器を用いるとする。この場合は，三つの弱学習器の中で二つの弱学習

2.7 その他の手法    91

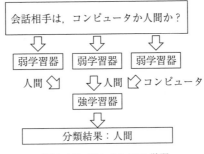

図 2.27 アンサンブル学習

器が正解のクラスを出力すれば，強学習器としても正解のクラスが出力されたことになる。ここで，弱学習器は60％の確率で正解のクラスを出力するとする。この場合に，強学習器が多数決により正解のクラスを出力する確率は約65％である。これより，強学習器は，もともとの一つの弱学習器よりも優れた性能を示すことがわかる。同じ弱学習器を五つに増やすと，強学習器が正解のクラスを出力する確率は約68％となり，弱学習器が三つの場合よりもさらに優れた性能を示す。これを繰り返していくと，100％に近い学習器が得られることは想像ができるだろう。そのため，アンサンブル学習では，弱学習器を増加させていくと強学習器の性能が向上するとされている。

　よりよい強学習器を作成するためには，それぞれの弱学習器の動作が異なることが望ましい。これは，アンサンブル学習で学習しようとする課題において，ある小さな問題が得意な弱学習器と別の小さな問題が得意な弱学習器を生成したいためである。せっかく複数の弱学習器を生成するのに同じような弱学習器ばかりを作成しても，分類性能はあまり上がらないだろう。

　アンサンブル学習では，トレーニングデータや特徴量をサンプリングすることで，複数の弱学習器を作る。そのため，アンサンブル学習に用いる弱学習器として，決定木が用いられることが多い。決定木がアンサンブル学習に適切な理由として，決定木はトレーニングデータに対して不安定であることが挙げられる。ここでいう不安定とは，トレーニングデータの内容を少し変更するだけでも学習結果が大きく変わることである。一方，k近傍法などは弱学習器には向いていないとされる。これは，2.6.2項で説明したが，データをサンプリングしてもあまり分類性能に影響がないためである。

　アンサンブル学習の主要な手法として，バギング（bootstrap aggregating, bagging）と，ブースティング（boosting）がある[108]。

〔1〕バギング　バギングは，以下の手順で行われる学習手法の総称である。図 2.28 にバギングの概要を示す。はじめに，トレーニングデータの全集合からブートストラップサンプリングによってトレーニングデータのサブセットを得る。そのサブセットを用いて弱学習器を作成する。これを繰り返して複数の弱学習器を作成し，それらを結合することで

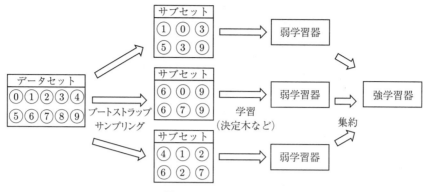

図 2.28 バギング

強学習器を作成する。ブートストラップサンプリングとは，データ集合 $X$ から重複を許してサンプリングをしてサブセットを作成することである。

バギングのアプローチの特徴は，並列化可能なことが挙げられる。バギングにおいて，それぞれの弱学習器は独立して学習可能である。そのため，トレーニングデータからブートストラップサンプリングを複数回行うことでサブセットをたくさん作成し，その結果を並列で各弱学習器に学習させることが可能である。

バギングのアプローチによる主要な手法として，ランダムフォレスト（random forest）が挙げられる[109]。ランダムフォレストでは，決定木を弱学習器としたアンサンブル学習を行う。トレーニングデータをブートストラップサンプリングするだけでなく，特徴量の次元のサンプリングも行う。そのため，一部のデータと一部の特徴量を用いることで，弱学習器ごとに分類結果が異なるように作成する。また，ランダムフォレストは，バギングの中ではよく用いられる手法で性能も比較的高い。

〔2〕 ブースティング　ブースティングでは，トレーニングデータの重みを更新しながら弱学習器を作成するアンサンブル学習である[110]。図 2.29 にブースティングの概要を示す。ブースティングでは，はじめに，トレーニングデータから弱学習器を一つ作成する。そして，その弱学習器のそれぞれのデータの分類性能を確認して，分類が誤ったデータの重みを重く，

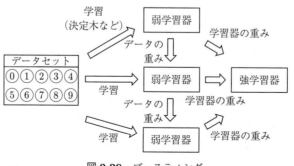

図 2.29 ブースティング

正しく分類できたデータの重みを軽くする。また，その際に，その弱学習器の分類の性能を弱学習器の重みとする。そして，つぎの弱学習器を作成する際には，誤って分類をしたデータを正しく分類できるようにデータの重みを考慮して学習する。これを繰り返して，複数の弱学習器を生成する。結合するときには，弱学習器の重みに基づいてそれぞれの弱学習器の分類結果に重みを与えて，その結果を集約する。この方法は，AdaBoost（adaptive boosting）と呼ばれるブースティングの手法の一つである[111]。また，近年は，勾配降下法を用いた勾配ブースティング（gradient boosting）と呼ばれる手法が用いられることも多い[112]。

バギングとブースティングのアプローチを比較したときに，バギングは不安定な弱学習器をたくさん作って分類器の多様性を向上させようとしている。また，ブースティングでは，弱学習器ごとに分類が苦手なデータに対して重みを付けることで，分類器の多様性を向上させている。また，バギングは弱学習器を並列に作成することが可能であるため学習時間が速い。しかし，性能の観点ではブースティングの方が優れていることが多い。

### 2.7.2 相関ルール

相関ルール（association rule）は，事象Aが発生すると事象Bも発生しやすいというルールである。例えば，お弁当を買う人は，お茶も一緒に買う傾向があるなどである。相関ルールは，POSシステム（point of sales system）により取得したデータの解析などによく使われる手法である。

相関ルールで分析する目的として，お弁当とお茶の例など複数の商品の購買の共起の分析が挙げられる。分析の結果は，商品の販売方法や陳列方法などを改善するのに用いることが可能である。例えば，コンビニでお弁当とお茶が一緒に購入されやすいなら，それらをセットで販売することが考えられる。また，スーパーなどで商品Aと商品Bが同時に購入されやすい場合，商品Aを特売するときは商品Bの在庫を増やすことや，商品Aと商品Bを並べて陳列するなどが考えられる。

〔1〕 **相関ルールの用語** つぎに，相関ルールで用いられる用語を説明する。例えば，あるユーザが大根と白滝，ちくわぶの三つを購入したとする。そして，[大根と白滝を買う人はちくわぶも買う]という事象について，相関ルールの用語で表現すると，**表 2.5**のようになる。この一つの購買行動を相関ルールでは，トランザクション（transaction）といい，以下のように表される。

$$T_1 = \{大根, 白滝, ちくわぶ\} \tag{2.22}$$

ここでのトランザクションは1回の購買を表しているが，ユーザの購入履歴の積集合（ユーザがこれまでに購入したすべての商品の重複なしの集合）などを表していることもある。ト

表 2.5 相関ルールの用語

事象：[大根と白滝を買う人はちくわぶも買う]

| 相関ルール | {大根, 白滝}→{ちくわぶ} |
|---|---|
| アイテム集合（item set） | {大根, 白滝, ちくわぶ, たまご, はんぺん, ちくわ} |
| トランザクション（transaction） | $T_1 = $ {大根, 白滝, ちくわぶ} |
| アイテム（item） | {大根}, {白滝}, {ちくわぶ} |
| 条件部（antecedent） | {大根, 白滝} |
| 結論部（consequent） | {ちくわぶ} |

ランザクションでの表現についてもう少し説明する。三つの購買履歴のトランザクションを示すと，以下のようになる。

$$T_1 = \{大根, 白滝, ちくわぶ\} \tag{2.23}$$

$$T_2 = \{たまご, はんぺん, 大根\} \tag{2.24}$$

$$T_3 = \{大根, ちくわ, 白滝\} \tag{2.25}$$

この場合，ちくわぶを購入したのは $T_1$ であり，大根を購入したのは $T_1$, $T_2$, $T_3$，白滝を購入したのは，$T_1$, $T_3$ となる。また，アイテム集合（item set）はトランザクションの集合に出現するアイテムの積集合である。

〔2〕**有益な相関ルール** 相関ルールを適用する目的は，大量のトランザクションの中から有益なルールを発見することである。そのためには，有益さを定義する必要がある。相関ルールにおける有益さの評価指標は，支持度（support）と確信度（confidence）の二つで表されることが多い。

支持度は，ルールがすべてのトランザクションの中でどの程度同時に出現するかを表している。言い換えると，アイテム A と B がトランザクションに同時に含まれる確率である。支持度を数式で表すと以下のようになる。

$$\sup(A, B) = \frac{A と B が同時に出現するトランザクション数}{全トランザクション数} \tag{2.26}$$

支持度が高いルールに含まれるアイテムは，同時に購入される可能性が高いことを表している。

確信度は，相関ルールの条件部が発生したときに結論部が発生する確率である。相関ルール $\{A\} \rightarrow \{B\}$ を考えたとき，A が購入されたときに，B も購入される条件付き確率である。確信度は以下のように求められる。

$$\text{con}(A, B) = \frac{A と B が同時に出現するトランザクション数}{A を含むトランザクション数} \tag{2.27}$$

確信度は，A が購入されたときに B も購入される確率を表しているが，確信度を単独で相関ルールの基準とするのはよくない。例えば，$\text{con}(A, B)$ の値が高いとしても，そのルールが全トランザクションの中でほとんど出現しなければ，その相関ルール $\{A\} \rightarrow \{B\}$ が適用さ

れる場面がない。仮に，10万件のトランザクションがあったとして，$\mathrm{con}(A, B) = 0.9$ の場合でも，相関ルール $\{A\} \to \{B\}$ の出現回数が1回の場合，その組み合わせは偶然に近いかなんらかの特殊な理由があり，AとBを同時に購入しただけであると予想される。そのため，有益な相関ルールは，アイテムが同時に購入される確率が高く，そのケースが多いということである。結果的に，確信度も支持度も高いものを組み合わせて有益な相関ルールを探すことになる。

そこで，トランザクションの集合から有益な相関ルールを抽出するため，確信度と支持度の閾値を設定する。閾値は，最小支持度と最小確信度を設定する。そして，アイテムの集合の中で，最小支持度，最小確信度のどちらよりも大きい組み合わせを発見する。ここで，アイテム集合の中で最小支持度以上のアイテムを頻出アイテム集合と呼ぶ。これは，条件部と結論部が同時に出現する回数が，一定以上のアイテムの組み合わせの集合である。閾値を考慮した有益な相関ルールの発見は，以下の二つの手順で行われる。

1) 頻出アイテム集合の発見
2) 頻出アイテム集合から有益な相関ルールの発見

頻出アイテム集合を発見するには，アイテムの集合から最小支持度以上の組み合わせをすべて抽出する。有益な相関ルールの発見では，頻出アイテム集合から最小確信度以上のアイテムの組み合わせを発見する。この結果が有益な相関ルールである。

ここまでで，有益な相関ルールを評価する方法について述べてきたが，ここからは，トランザクションの集合から有益な相関ルールを探し出すことについて説明する。有益な相関ルールを探索するためには，アイテムのすべての組み合わせについて，支持度と確信度を評価する必要がある。ここで，相関ルールでは，条件部にアイテムが複数入ってもよいことを思い出してほしい（例：$\{$大根, 白滝$\} \to \{$ちくわぶ$\}$）。そのため，相関ルールのアイテムの組み合わせが組み合わせ爆発（combinatorial explosion）†を起こす。アイテムが10個の場合でも，相関ルールを満たす組み合わせは，約57 000ある。アイテム数が膨大になると，この組み合わせはより膨大になるので，計算するのはとても大変である。特に，手順1)は，最小支持度を満たすすべての組み合わせを探し出す必要があるので，データを何回も操作する必要がある。手順2)は，ほとんどの組み合わせについて手順1)で除外されているので，手順1)に比べるとあまり時間はかからない。そのため，手順1)について効率的に最小支持度を満たす組み合わせを発見するための手法が必要である。

〔**3**〕**アプリオリ** アプリオリ（apriori）[113]は，幅優先探索により効率的に有益な相関ルールを発見するためのアルゴリズムである。アプリオリは，有益な相関ルールを得る

---

† 組み合わせに関する有名な問題で，オーダが指数関数などで，$n$ の増加に伴い最適な解を探すのが困難になる。

ために最も有名なアルゴリズムである。

アプリオリは，アイテム $\{A\}$ が頻出アイテム集合 $F$ に含まれないなら，$\{A\}$ を含むアイテム集合も頻出でないという考え方である。これは，$\{A\}$ が頻出でなければ，$\{A,B\}$ や $\{A,B,C\}$ なども頻出でないことを表している。例えば，最小支持度が0.3，トランザクション数が10とする。この場合に，$\{A\}$ を含むトランザクションが2ならば，$\{A,B\}$ は $\{A\}$ かつ $\{B\}$ なので2を超えない。そのため，$\{A\}$ が最小支持度を下回れば，それ以降の処理で $\{A\}$ を含むアイテム集合を考慮する必要はない。

アプリオリは，この考え方によりk–頻出アイテム集合を作成していく。k–頻出アイテム集合は，$k$ 個のアイテム集合で構成される頻出アイテム集合である。例えば，アイテムが5種類のとき，$k=1$ の場合は，$\{A\}$, $\{B\}$, $\{C\}$, $\{D\}$, $\{E\}$ が最小支持度以上であるかを評価する。そして，$\{C\}$, $\{E\}$ が最小支持度未満であった場合に，それ以降の $k=2$ 以上の探索では，$\{C\}$, $\{E\}$ のいずれか一つ以上を含むアイテム集合は評価しない。また，$\{A\}$, $\{B\}$, $\{D\}$ は $k=2$ の探索を行う。この処理を繰り返していくことで頻出アイテム集合を発見する。そして，この頻出アイテム集合が最小確信度以上であるかを評価し，その結果を有益な相関ルールとする。

アプリオリを改良した手法として，FP-growth[114]などが提案されている。アルゴリズムの説明は割愛するが，深さ優先探索を利用することで，探索回数を大きく削減している。アプリオリと比較すると，FP-growth は，高速になった代わりにメモリを多く消費する。

アプリオリのアルゴリズムが登場したことによって，相関ルールを発見することが実行時間的に簡単になったので，相関ルールはデータマイニングでもよく用いられる手法になった。

# 第 II 部 実践編

## 3 ソーシャルビッグデータ分析を支える Web 技術

### 3.1 フルスタック JavaScript

#### 3.1.1 サーバ上の JavaScript

本書は，第 I 部において，ソーシャルビッグデータの基本概念や，その分析に関連するデータマイニングアルゴリズムを学んだ．この第 II 部は，それらのアルゴリズムを活用するための知識を，ソーシャルビッグデータ分析ツールの実装を通して学ぶ．

ここでいう実装とは，これまでに紹介したアルゴリズムを，プログラミング言語に落とし込むという意味ではない．本書で紹介したアルゴリズムのほとんどが既存のライブラリを使えば，わずか数行のコードを書くだけで実行できる．では，アルゴリズムに関する知識と適切なライブラリさえあれば，すぐにソーシャルビッグデータ分析を実践できるのかといえば，そうではない．データをどうやって集めるのか，どのようにそれを蓄積するのか，そして分析した結果の効果的な可視化とはなにか，それらを含めた複合的なシステムを構築してはじめてソーシャルビッグデータからの知識抽出を考えることができる．

ここでいうシステム構成とは，なにも特別なアーキテクチャで構成する必要はない．ビッグデータにせよソーシャルデータにせよ，データを処理して可視化するというタスクは，コンピュータの黎明期から続く古典的なもので，システム構成も伝統的な 3 層アーキテクチャと親和性が高い．

ここでいう 3 層とは，データベース層，アプリケーション層，プレゼンテーション層から構成される．これはかつてのメインフレームコンピュータの時代も，インターネット/Web が中心となった現在でも，最も普及しているシステムアーキテクチャといえる．

インターネット/Web 時代のシステム構成を指して Web 3 層アーキテクチャなどと呼ばれる．これは，しばしば関係データベース，アプリケーションサーバ，Web サーバの 3 層であると説明されるが，Web2.0 後においては，この解釈は正しいとはいえない．Web サーバの相対的な役割の低下と同時に，Web ブラウザがユーザへのプレゼンテーションインタラク

ションに寄与する度合いが急速に拡大しているからである。

つまり，プレゼンテーション層はWebブラウザであると捉えた方が実態に即している。そしてWebサーバはアプリケーション層の一部として考えてもよいだろう。この状況はC10K問題が大きな関心事項になるとともに一層拍車がかかった。

C10K問題はクライアント1万台問題とも呼ばれ，ハードウェア上の性能を使い切っていなくとも，クライアント数が一定の規模を超えると，サーバの性能が極端に低下する問題のことを指す。そして，不特定多数からのアクセスに備えなければならないWebサーバが，この問題に一番の影響を受けた。

C10K問題を引き起こす原因の一つはマルチスレッドの仕組みにあった。マルチスレッドとは，複数の処理を並列に行うための仕組みであり，正確にいうと，マルチスレッドそのものが問題を引き起こしていたわけではないが，クライアントからのアクセスを並列に受け付ける際に，比較的時間のかかるI/O処理と，高速なロジック処理が混在することにより，各スレッドがリソースを占有したまま他の処理をブロックしてしまうことが，並列かつ大量に起こり，スループットの深刻な低下が起こった。

面白いのは，この問題を表面化させ，その解決策として登場したのがJavaScriptであるということである。かつてWeb3層アーキテクチャのプレゼンテーション層，すなわちユーザとのインタフェースであると考えられていたのは前述したようにWebサーバであった。つまり，ブラウザ上で動作するJavaScriptはシステムの一部とは考えられていなかったのである。ところが，そのJavaScritpが，このサーバの深刻な問題に対する解決策を示したのである。Node.jsの登場である。Node.jsはGoogleのWebブラウザChromeに搭載されているJavaScriptエンジンV8を用いたサーバサイドのスクリプティング環境であり，JavaScriptをPerlやRuby，Pythonなどと同じような汎用スクリプト言語として利用するためのツールである。

この問題と関連して，JavaScriptの言語仕様として特徴的な点を指摘しておかなければならない。JavaScritpには`sleep(t)`や`wait(t)`のような関数はない。つまり，JavaScriptは処理を待つことが考えられていないといえる。この性質からJavaScriptはNon-blockingな言語に分類される。これはI/Oの処理において顕著な差がある。**プログラム3-1**のコードはテキストファイル（package.json）を読み込み，その中のデータをすべて出力するというPHPコードである。

──────── プログラム **3-1** (file-open.php) ────────

```
1  <?php
2  $fp = @fopen("package.json", "r");
3  while (!feof($fp)) {
4      echo fgets($fp, 9182) . "<br>";
```

```
5  }
6  fclose($fp);
7  echo 'プログラムの終わりに来ました';
8  ?>
```

このプログラムを実行すると，ファイルの内容が表示され，その後で「プログラムの終わりに来ました」と表示される．同じプログラムを Node.js の JavaScript で実装したものはプログラム 3-2 のようになる．

─────────── プログラム 3-2 (file-open.js) ───────────
```
1  const fs = require('fs');
2  fs.readFile('package.json', 'utf8', (err, data) => {
3      console.log(data);
4  });
5  console.log('プログラムの終わりに来ました');
```

このプログラムを実行すると，まず「プログラムの終わりに来ました」と表示された後で，ファイルの内容が出力される．blocking I/O の PHP と Non-blocking I/O の JavaScritp で処理順が異なることに着目してほしい．つまり blocking I/O では，すべての I/O 処理に対してプログラムが一時停止するのに対し，Non-blocking I/O では，I/O 処理の完了を待たずにつぎの処理が開始される．そして，ファイル読み込み後の処理はコールバック関数という形で定義し，I/O 処理が終わると，非同期でその関数が呼ばれる．そのため，ファイルの読み込み命令から，実際に読み込まれたデータがプログラムに渡るまでの間，他の処理がブロックされることはない．それにより，結果的に C10K 問題として注目されたような，大きな並列アクセスを効率的に処理することができる．

C10K 問題は Node.js によって注目されるとともに，Web サーバのアーキテクチャの変革につながった．長らくデファクトスタンダードであった Web サーバ Apache が，C10K 問題に対応した nginx にシェアを奪われる事態が起こった．また Apache も C10K 問題に対応すべく，イベント駆動アーキテクチャの機能を組み込んだ．

さて，話を JavaScript に戻そう．この C10K 問題はサーバ側のスクリプト環境である Node.js に大きな着目が集まる要因となった．それまで，Web ブラウザ上の言語と考えられていた JavaScritp が，サーバ側の言語として捉えられるようになったのである．

### 3.1.2　データベース上の JavaScript

ほぼ，時を同じくして NoSQL ブームが起こったことにも着目すべきである．これは文字通り SQL に No をいうムーブメントと捉えてよい．SQL は，1970 年代発祥の SEQUEL という IBM が開発した関係データベース向け言語が ISO 標準として発展したデータベース問

い合わせ言語で，いまでも，関係データベースの問い合わせに関してはほぼ唯一の言語として使われている．

1970 年代といえば，プログラミング言語においては C 言語が登場した頃である．その後，C 言語にはさまざまなライバル言語が現れ，現在では，用途に応じてさまざまなプログラミング言語を選ぶことができる．ところが，データベースに対しては長らく SQL 以外の有力な選択肢は存在しなかった．データベースに関する新しい提案が出てきても，その都度関係データベースや SQL の一機能として取り込まれる歴史をたどってきた．しかしながら，この NoSQL ブームにより，関係データベース以外の選択肢が，突如としてたくさん出現した．

JavaScript の文脈において，最も注目すべき NoSQL データベースは MongoDB である．MongoDB はドキュメント指向データベースに分類され，関係データモデルより柔軟なデータ構造のデータを格納することができる．具体的には JSON と呼ばれるフォーマットに基づいたデータに対応しているのだが，この JSON とは JavaScript object notation の略語であり，つまりは，JavaScript の文法に基づいたデータ記述言語である．また MongoDB はデータベース問い合わせ言語にも JavaScript を採用しており，データベースの選択演算や集約演算を JavaScript の文法に則って記述する．そのため Node.js など，外部の JavaScript プログラムともシームレスに接続できる．

### 3.1.3 本書で実装するシステムの構成

かくして，Web ブラウザ上はいうまでもなく，サーバサイド，データベース上においても，JavaScript は主要技術として着目されるようになった．MongoDB，Node.js，Google Chrome や Microsoft Edge，Firefox などの Web ブラウザ，これらを使うことにより，Web 3 層アーキテクチャに基づいた複雑なアプリケーションを JavaScript だけで記述することができる．このようにアプリケーションのすべてのレイヤを JavaScript で実装することは，フルスタック JavaScript と呼ばれ，ビッグデータ時代の一つの潮流になっている．

本書の第 II 部では，フルスタック JavaScript 環境にてソーシャルビッグデータの分析を実際に体験しよう．本書で例示するプログラムはすべて GitHub 上で共有[†]しており，本書の説明通りに進めていけば，JavaScript に関する実装の知識がなくとも，ソーシャルビッグデータを集め，蓄積し，分析し，可視化することができるだろう．また JavaScript の経験がある読者は，自身のアプリケーションを作る出発点として，本書の例示プログラムを使うことができるだろう．

本書ではフルスタック JavaScript に加えて，いくつかのクラスタリングアルゴリズムにおいては，Python のコードも併用している．JavaScript でインタフェースからデータベース

---

[†] https://github.com/abarth500/sobig（2018 年 7 月現在）

まで記述できることは示したが，本書が扱うデータマイニング，データサイエンスに関するさまざまなアルゴリズムは，Python との親和性が非常に高い。例えば機械学習に関連する Web 上の情報も多くが Python からの利用を前提とした説明になっている。そこで，本書では Node.js から Python プログラムを呼び出す形で，Python のプログラム資産の活用も考えている。具体的には Python の機械学習ライブラリとして広く普及している scikit-learn との連携を行う。

また，本書で紹介するソースコードは基本的には実行環境は問わない。インストールなどの環境設定に関しては Windows10 上で動作する Ubuntu Linux を想定した説明となっている。Windows10 はデフォルトで Windows Subsystem for Linux（WSL）[†]と呼ばれる，Linux アプリケーションを実行する仮想レイヤを提供している。これは OS の機能として提供されており，ユーザは非常に簡便に Linux 環境を Windwos 上で再現することができる。

Node.js や MongoDB は Windows 上でも動作するため，Windows 上での実践を考える場合，WSL を用いる必然性はない。Windows は依然として最もシェアのある OS であり，業務で Linux を使っている技術者でも，普段使っているコンピュータは Windows であるということも多いだろう。しかしながら，一方で Web 3 層アーキテクチャの実行基盤としては Linux が一般的である。そこで，Windows 上で動作する Linux を本書にて説明するプログラムの想定実行環境とした。

近年仮想化技術の急速な発展により，複数の OS を同時に実行することは非常に容易になった。とはいえ，初学者にとってはまだまだ環境を整えるための技術的な障壁は高い。しかしながら，前述した WSL は，Windows の一機能として提供されており，また各種 Linux ディストリビューションのダウンロードとインストールも Microsoft Store からワンクリックで行うことができる。これは現状では Linux スキルを持たないユーザにとって，最も身近な Linux 環境だといえる。

このように，本書では Windows 上の WSL 環境で動作する Linux で実装を進めることを前提に説明を行う。もちろん，Linux ユーザ，特に Ubuntu ユーザにとっては本書で紹介するコマンド，ソースコードはそのまま利用できるし，Mac OS X や他の Linux ディストリビューションのユーザも，最低限の読み替えで対応できるだろう。本書はビッグデータ処理に関する書籍であるが，もし皆さんが巨大な PC クラスタやストレージを使える環境にあったとしても，ぜひ，普段一番使っているコンピュータ上で実践してほしい。それが技術習得の最も早道である。

---

[†] https://github.com/Microsoft/WSL （2018 年 7 月現在）

## 3.2 環境構築

第 II 部では，第 I 部で解説したソーシャルビッグデータ処理に関する理論を基礎として，実際に動くコードを実装してみよう。ここでの説明は，なるべく多くの人に実践してもらえるよう，情報技術に興味のある大学 1 年生を想定して説明する。Linux に習熟している場合は適宜読み飛ばしても構わない。まず，前提となる環境を表 3.1 に記す。

表 3.1　本書の前提となるコード

| ソフトウェア | 名　称 | バージョン |
|---|---|---|
| OS | Windows Subsystem for Linux | Ubuntu 16.04.3 LTS |
| プログラミング言語 | JavaScript | |
| 実行環境 | Node.js | v10.5.0 |
| データベース | MongoDB | 3.6.2 |

本書のコードは統一的な説明および環境構築の簡便さから Windows 上で実行することを前提とし，動作の検証を行っているが，WSL 上で動作する Ubuntu を利用しているため，例示したコードは一般的な Linux ディストリビューションで，そのまま，あるいは小さな変更にて動作するはずである。

WSL については，本書の範囲を超えるためここでは詳述しないが，Linux のさまざまなディストリビューションを Windows 上から扱えるようにする互換レイヤであり，本書では Ubuntu をインストールしているが，OpenSUSE も選択可能なほか，将来的には Fedora の提供も予定されている。

まずスタートメニュー（Windows アイコン）を右クリックし，メニューから管理者権限の Windows PowerShell を開いてほしい。そしてコマンド 3-1 のコマンドで WSL を有効化する。

───── コマンド 3-1（install-wsl.ps1）─────

```
#WSL を有効化するコマンド（再起動が促される）
> Enable-WindowsOptionalFeature -Online -FeatureName Microsoft-Windows-Subsystem-Linux

#WSL が有効化されているか調べるコマンド
> Get-WindowsOptionalFeature -Online -FeatureName Microsoft-Windows-Subsystem-Linux
```

つぎに Ubuntu を Microsoft Store からインストールしよう。WSL で動作する Ubuntu はバージョン 18 系列と 16 系列があるが，ここでは 16 系列[†]をインストールする。

インストールが終わり起動すると，最初にユーザの作成が求められ，その後ターミナルが立

---

[†] https://www.microsoft.com/ja-jp/p/ubuntu-1604/9pjn388hp8c9（2018 年 7 月現在）

ち上がる．あとは，通常の Ubuntu 同様に利用できる．以下，本書のコードはこの Ubuntu のターミナルから実行することを前提とする．

### 3.2.1　Node.js のインストール

Node.js[†1]はオープンソースの JavaScript 実行環境であり，通常 Web ブラウザ上で動作する JavaScript 環境とは異なり，Perl や Python，Ruby などと同じく，いわゆるサーバサイドで動作する．Web ブラウザ上で動作する JavaScript とは異なりと書いたが，実行エンジンは Chrome に搭載されているものと同じ Google V8 JavaScript Engine を用いている．

これまで，クライアントサイド（Web ブラウザ）の JavaScript，サーバサイド（Web サーバ）の PHP と，異なる言語を用いて一つの Web アプリケーションを構築することが一般的であった．ところがこの Node.js の登場により，クライアントサイド，サーバサイドともに JavaScript をプログラミング言語として利用することが可能となった．少人数によるアジャイルソフトウェア開発に適している Web 系のシステム開発では，上流工程から下流工程までの包括的な技術を有したフルスタックエンジニアが求められているが，Web に関連する技術は，プログラミングからデザイン，データベースまで多岐にわたり，それらの技術を習得することは容易ではない．使用言語の種類を減らすことはこの技術的な敷居を低くすることにもつながり，Node.js は非常に興味深いプロジェクトであるといえる．

Ubuntu でのソフトウェアのインストールは一般的には apt-get が用いられるが，Node.js のインストールは，nodebrew[†2]という専用のバージョン管理ツールを用いる．まずこの nodebrew をインストールしよう（**コマンドと実行結果 3-1**）．

---
**コマンドと実行結果 3-1**（install-node-step01.sh）

```
$ curl -L git.io/nodebrew | perl - setup
  % Total    % Received % Xferd  Average Speed   Time    Time     Time  Current
                                 Dload  Upload   Total   Spent    Left  Speed
    0     0    0     0    0     0      0      0 --:--:-- --:--:-- --:--:--     0
    0     0    0     0    0     0      0      0 --:--:--  0:00:06 --:--:--     0
    0     0    0     0    0     0      0      0 --:--:--  0:00:07 --:--:--     0
  100 24507  100 24507    0     0   2734      0  0:00:08  0:00:08 --:--:-- 84506
Fetching nodebrew...
Installed nodebrew in $HOME/.nodebrew

========================================
Export a path to nodebrew:

export PATH=$HOME/.nodebrew/current/bin:$PATH
========================================
```
---

[†1]　https://nodejs.org/ja/（2018 年 7 月現在）
[†2]　https://github.com/hokaccha/nodebrew（2018 年 7 月現在）

インストールは curl でインストーラをダウンロードし，perl で実行するワンライナー（1 行コマンド）ですむ．インストールが成功すると，環境変数 PATH を追加するコマンドが表示されるので，.bashrc に追加しておけば，起動時に設定される（コマンド 3-2）．

──── コマンド 3-2 (install-node-step02.sh) ────
```
$ echo -e "\n\n"'export PATH=$HOME/.nodebrew/current/bin:$PATH'"\n" >> ~/.bashrc
$ source ~/.bashrc
```

このとき source コマンドにて .bashrc を再読み込みすることを忘れないようにしよう．つぎに，nodebrew を用いて Node.js のインストールを行う．

```
$ nodebrew install-binary stable
```

Node.js は，慣習的にメジャーバージョン番号が偶数のものを安定バージョン（stable）としている．これは LTS（long-term support）とも呼ばれ，長期のソースコードメンテナンスが予定されているバージョンである．ただし，Node.js のバージョンアップのペースは非常に早く，LTS 版であっても，2 年半程度しかメンテナンスが保証されないので注意が必要である．

上記のコマンドでは，その時点での安定バージョンがインストールする．stable の代わりに latest と指定することにより，安定バージョンかどうかに関わらず，その時点での最新バージョンをインストールすることもできる．本書執筆時点では，偶数バージョンの v10 が安定バージョンかつ最新バージョンである．

また install-binary の代わりに install と指定することにより，ソースコードからのインストールも可能である．その場合は別途 Python をインストールしておく必要があるので注意が必要である．

さて，インストールしたバージョンを確認するには nodebrew list コマンドを使う．また，インストールしたバージョンを有効化するには nodebrew use コマンドを使う．本書では執筆時点の安定バージョンである v10 を使うこととする（コマンドと実行結果 3-2）．

──── コマンドと実行結果 3-2 (install-node-step04.sh) ────
```
$ nodebrew list
v10.5.0

current: none

$ nodebrew use v10
use v10.5.0

$ node --version
v10.5.0
```

### 3.2.2 MongoDBのインストール

MongoDB[1]はいわゆるNoSQLの代表格の一つで，ドキュメント志向データベースに分類される。関係データベースが関係データモデルに基づいた表形式のデータを格納するのに対して，MongoDBはJSON（JavaScript object notation）形式の半構造データを格納する[2]。インデックスなどの大きなデータを扱うために重要な機能を持ちつつも，スキーマレスな柔軟な構造のデータを格納できるなどの特徴を持っている。

関係データベースが問い合わせのためにSQLという言語を持っているのと同様に，MongoDBも問い合わせ言語を持っているが，この問い合わせ言語がJavaScriptに基づいている点がMongoDBの特徴である。MongoDBに搭載されているJavaScript実行エンジンは，かつてはChromeやNode.jsと同じGoogle V8 JavaScript Engineであったが，最近のバージョンでは，Firefoxに搭載されているものと同じMozilla FoundationによってメンテナンスされているSpiderMonkeyに変更された。

Node.jsとこのMongoDBを使うことにより，すべてのレイヤがJavaScriptで記述できることになる。これは，本書のような，ソーシャルビッグデータを扱う技術書にとっては非常にありがたい。なにせ例示するコードの言語を統一できるからである。Webアプリケーションの開発に使う技術は多岐にわたり，さまざまな知識が要求される。例えば，プログラムの例示も，あるファイルはPHP，あるファイルはHTML，そしてSQLが別のプログラムに埋め込まれたり，さらにはサーバの設定ファイルの文法も示さなければならない。それがすべてJavaScriptとJSONに統一できることは，作者にとっても読者にとっても混乱を防ぐことができる。さらに，JavaScript自体は，CやJavaなどと近しい文法体系を持っているため，JavaScriptの技術者だけでなく，より多くの技術者にとっても本書のコードは容易に理解できるだろう。

MongoDBのインストールは公式Webサイトに掲載された手順[3]で行う。なお，執筆時点でのバージョンは3.6.5である。バージョン4系列もすでにリリース候補版が存在するが，本書では3.6系列を使う（コマンド3-3）。

―― コマンド3-3 (install-mongodb-step01.sh) ――
```
$ sudo apt-key adv --keyserver hkp://keyserver.ubuntu.com:80 \
--recv 2930ADAE8CAF5059EE73BB4B58712A2291FA4AD5

$ echo "deb [ arch=amd64,arm64 ] " \
"https://repo.mongodb.org/apt/ubuntu xenial/mongodb-org/3.6 multiverse" \
| sudo tee /etc/apt/sources.list.d/mongodb-org-3.6.list
```

---

[1] https://www.mongodb.com/jp （2018年7月現在）
[2] 実際の格納方式はJSONと互換性の高いバイナリ表現のBSONという形式である。
[3] https://docs.mongodb.com/master/tutorial/install-mongodb-on-ubuntu/ （2018年7月現在）

```
$ sudo apt-get update

$ sudo apt-get install -y mongodb-org

$ sudo service mongod start
```

mongodがMongoDBサーバのサービス名となる．なお，Windowsのバージョンによっては，起動スクリプトが正常に生成されないことが報告されているので注意が必要である．もしサービスが開始できない場合は，MongoDBのGitHubリポジトリにdebian用の起動スクリプトがあるので，それを/etc/inid.d/mongodとして保存すると，サービスとして認識される（コマンド3-4）．

―― コマンド3-4（install-mongodb-option01.sh）――
```
$ curl https://raw.githubusercontent.com/mongodb/mongo/master/debian/init.d -o mongod
$ chmod +x ./mongod
$ sudo mv mongod /etc/init.d/
$ sudo service mongod start
```

サーバが正しく起動できていればmongoコマンドで，MongoDBのシェルが立ち上がる．この状態で，サーバのバージョンを調べる場合は以下のコマンドを発行する（**コマンドと実行結果3-3**）．

―― コマンドと実行結果3-3（mongodb-check-version.js）――
```
> db.version()
3.6.2
```

通常の手順であれば，この後，MongoDBをコンピュータ起動時に起動する設定を行うが，執筆時点のWSL版Ubuntuでは，Ubuntu端末を起動していなければ，バックグラウンドでプロセスを実行させることができないという問題がある．具体的にはWSL版Ubuntuはいくつかの点で通常のUbuntu16と異なっている．Ubuntuではバージョン14からSystemdを採用している．しかしながら本書執筆時点でのWSL版では`systemctl`コマンドは利用できない．デーモンの起動は`service`コマンドで行うが，`chkconfig`コマンドが存在せず，コンピュータの起動時にデーモンを自動起動することができない．この問題はいずれ解決すると思われるが，`service`コマンドで起動したMongoDBサーバは，Windows上でUbuntu端末を閉じるとともに終了してしまうため，毎回，Ubuntu端末を開いたときに`service`コマンドでMongoDBサーバを起動する必要がある．この点についての最新情報はWSLのGitHubページにて議論[†1]されているので，定期的にチェックしておくとよいだろう．

起動コマンドは毎回必要になるが，~/.bashrcに起動コマンドを記述しておく[†2]ことでそ

---

[†1] https://github.com/Microsoft/WSL/issues（2018年7月現在）
[†2] https://github.com/Microsoft/WSL/issues/3318（2018年7月現在）

れを自動化することもできる（コマンド **3-5**）。

───── コマンド **3-5**（install-mongodb-option02.sh）─────
```
echo -e "\n\n"'sudo service start mongod'"\n" >> ~/.bashrc
source ~/.bashrc
```

### 3.2.3 実装ディレクトリの準備

さて，これで実践編の環境構築が整った。JavaScript の文法などの詳細は，それぞれの専門書に説明を任せるが，本書でも必要最低限の解説を行う。本書を読み進めると同時に，実装を行う場合は，実装のためのディレクトリを決めてほしい。ここでは~/sobig/を仮定する。このディレクトリおよび掲載サンプルプログラムは GitHub 上で共有しており，以下のコマンドにより，ホームディレクトリ上に sobig ディレクトリが作成され，サンプルプログラムもダウンロードされる（コマンド **3-6**）。

───── コマンド **3-6**（program-directory-create.sh）─────
```
$ cd ~
$ git clone --depth 1 https://github.com/abarth500/sobig.git
$ cd ~/sobig
```

これで，続く各種プログラムを実装，実行する環境が整った。本書はこの sobig ディレクトリ内で実行することを想定している。掲載サンプルプログラムは sobig/example ディレクトリ内に格納されているので，必要に応じて，sobig ディレクトリにコピーしてから実行してほしい。なお，本書で例示するプログラムの行番号は，このダウンロードしたサンプルプログラムの行番号に対応している。例示するプログラムは単に実行するだけでなく，読者自身のアイデアで改変することで，より深い理解が得られるだろう。

```
$ cp example/foobar.js .
$ node foobar.js
Hello World!
```

JavaScript 関連の技術は，ただでさえ進歩の速い IT 技術の中でも，群を抜いている。例えば Node.js は半年に一度メジャーバージョンが上がる。そのため，最新情報や補足情報は GitHub リポジトリ上[†]に追記することとする。併せて参照してほしい。

## 3.3　Web 3 層アーキテクチャの実装

ソーシャルビッグデータ，あるいはオープンデータは多くの場合 Web 経由でアクセスする。必然的に，その処理を行うシステムは Web アプリケーションとして実装する蓋然性が高

---

[†] https://github.com/abarth500/sobig（2018 年 7 月現在）

108    3. ソーシャルビッグデータ分析を支える Web 技術

い。そこで本節では，ソーシャルビッグデータ処理の前提知識の獲得を目的に，Web ブラウザ，Node.js，そして MongoDB を用いた Web 3 層アーキテクチャによるシステムの実装方法を学ぶ。

### 3.3.1　Web サーバ

最も初歩的な Web ブラウザ・サーバの通信は HTTP（hyper text transfer protocol）であり，そこでやり取りされるデータは HTML（hyper text markup language）である。では，例えば**プログラム 3-3** の HTML 文書の送受信を考えてみよう。

────────── プログラム 3-3 (simple.html) ──────────

```
1  <!doctype html>
2  <html lang="ja">
3
4  <head></head>
5
6  <body>Hello World!</body>
7
8  </html>
```

このファイルを Web ブラウザで開いたなら，画面に `Hello World!` と表示される。ではこれを Web サーバから送ることを考える。まずは Node.js で Web サーバを実装してみよう。ここでは機能を省いて，ブラウザからポート 8080 番にアクセスがあれば，必ず上記の simple.html を返すサーバを考える（**プログラム 3-4**）。

────────── プログラム 3-4 (simple-httpd.js) ──────────

```
1  const http = require('http'),
2      fs = require('fs'),
3      path = require('path'),
4      filename = path.join(__dirname, 'simple.html');
5
6  fs.readFile(filename, 'binary', (err, filecontent) => {
7      http.createServer((request, response) => {
8          if (err) {
9              response.writeHead(404, { 'Content-Type': 'text/plain' });
10             response.write("404 Not Found\n");
11             response.end();
12         } else {
13             const header = {
14                 'Access-Control-Allow-Origin': '*',
15                 'Pragma': 'no-cache',
16                 'Cache-Control': 'no-cache'
17             }
18             response.writeHead(200, header);
19             response.write(filecontent, 'binary');
```

```
20                response.end();
21          }
22      }).listen(8080);
23 });
```

Node.js において HTTP 処理はデフォルトのライブラリに含まれており，非常に簡潔にコードが書ける。このプログラムが正しく実行されていれば，同じマシン上の任意の Web ブラウザから http://localhost:8080/にアクセスすると，`Hello Node.js World!`と表示されるはずである。

つぎに，このプログラム 3-4 をデーモン化する。デーモン化には `forever` というコマンドを利用する。`forever` は Node.js のデフォルトパッケージには含まれていないので，新たにインストールしなければならない。インストールには npm（node package manager）というツール使う。このツールは Node.js と同時にインストールされている。つぎのコマンドは `forever` を global スコープにインストールする例である。

```
$ npm install -g forever
```

-g を付けることによって global スコープにインストールされる。これにより，インストールされるコマンドにパスが通り，実行が容易になる。npm は開発しているプログラムから利用されるライブラリをインストールするのに使われるため，基本的には local にインストールするが，`forever` など，独立したコマンドをインストールする場合は global スコープにインストールすると便利である。

さて，前述の Web サーバをデーモンとして起動するコマンドは以下の通りである。

```
$ forever start simple-httpd.js
```

これで，simple-httpd.js はバックグラウンドで実行され，万が一クラッシュした際も自動で再起動するようになる。さらに OS 起動時にデーモンを起動したい場合は `initd-forever` など，別のルーツを用いる。

### 3.3.2 WebSocket

Web ブラウザ–Web サーバ間の通信で用いられる HTTP は，ステートレスプロトコルである。ステートレスプロトコルとは，通信が 1 回の Request と Response で完結し，それぞれの通信が独立しているタイプのプロトコルである。ステートレスプロトコルは，シンプルな設計であり，複雑なセッション管理が必要となる通信においては，アプリケーション側の設計コストが高くなるという欠点がある。それに対して，Socket 通信に代表されるステートフルプロトコルは，通信するノード間の接続性が保たれ，複雑な通信に向いている。Web 技術が

発展するに従い，Web ブラウザ–Web サーバ間においてステートフルプロトコルによる通信を行いたいというニーズが高まってきた．それを実現するプロトコルが WebSocket である．

WebSocket は，それまでよく用いられてきた Ajax の欠点を克服し，Web ブラウザ–Web サーバ間で柔軟な通信を行うためのステートフルプロトコルである．Ajax は HTTP を用いており，Web ブラウザが Web サーバを呼び出す片方向のステートレスプロトコルであった．つまり Web サーバ側につねに更新されるようなデータがある場合，Web サーバは更新の有無に関わらず，定期的にポーリングを行うか，あるいは HTTP のセッションをつなぎっぱなしにするかしなければならなかった．定期的なポーリングでは，接続の度に TCP のオーバヘッドがかかり，また接続をつなぎっぱなしにする場合は Web サーバ側のタイムアウトの設定や，他の接続している Web ブラウザとの通信の取り合いという問題が発生する．WebSocket はそれらを解決する技術と位置付けられる．

まず，Web ブラウザ上で動作するコードを考える．Web ブラウザのバージョンを最新に保っているならば，ほとんどのブラウザ上の JavaScript エンジンは WebSocket にデフォルトで対応している（**プログラム 3-5**）．

———————— プログラム 3-5（websocket-client.html）————————

```
 7   const ws = new WebSocket("ws://localhost:8081/", ["test"]);
 8   ws.onopen = () => {
 9       ws.onmessage = (message) => {
10           console.log('received: %s', message.data);
11       };
12       ws.send("Hello WebSocket World from browser!");
13   }
```

つぎに，この通信を受けるサーバ側の実装を考える．Node.js は WebSocket 通信にデフォルトで対応しておらず，外部ライブラリを利用する．WebSocket を Node.js から使うためのライブラリは複数あり，プロトコルを自動で選択してくれる Socket.IO というライブラリが高機能であるが，ここでは，よりシンプルな ws[†] というライブラリを使用する．このインストールには forever のインストールで用いた npm を使う．

```
$ npm install --save ws
```

これにより ws ライブラリが node_modules ディレクトリにインストールされる．また **save** オプションにより，package.json に依存ライブラリとして登録される．これにより，他の環境で同じ環境を構築する際に，node_modules ディレクトリにインストールされたライブラリを移行せずとも，package.json のみを移行し，オプションなしで `npm install` コマンドを発行することにより，npm から依存しているライブラリがすべてインストールされる．

---

[†] https://www.npmjs.com/package/ws （2018 年 7 月現在）

本書の GitHub 上のサンプルコードにも，すべての依存ライブラリが登録された package.json が含まれているため，この方法で，一度にすべてのライブラリをインストールできる。しかしながら，説明上，利用ライブラリを明示するために，その都度個別にインストールすることとする。

では WebSocket のサーバプログラムを，Web サーバプログラムに組み込む形で実装しよう。プログラムの後半部分は simple-httpd.js とほぼ同じである。これにより，一つのプログラムで，ポート 8080 として Web サーバ，ポート 8081 として WebSocket サーバを立ち上げることができる（プログラム 3-6）。

────────── プログラム 3-6（websocket-server.js）──────────

```
1  const http = require('http'),
2        ws   = require('ws'),
3        fs   = require('fs'),
4        path = require('path');
5
6  const filename = path.join(__dirname, 'websocket-client.html');
7  const wss = new ws.Server({ port: 8081 });
8  wss.on('connection', (client) => {
9      client.on('message', (message) => {
10         console.log('received: %s', message);
11     });
12     client.send('Hello WebSocket World from server!');
13 });
14 //以後 Web サーバの立ち上げが続く
```

では，動作を考えてみよう。Web ブラウザで http://localhost:8080/ にアクセスしてほしい。これにより Web サーバが同じディレクトリにある websocket-client.html を返す。このファイルが Web ブラウザに読み込まれると，同じサーバのポート 8081 に対して WebSocket によるアクセスを試みる。接続が成功すると，Web ブラウザは Hello WebSocket World from browser! という文字列をサーバに送り，サーバは Hello WebSocket World from server! という文字列を Web ブラウザへ送る。その文字列を受け取ったサーバ，Web ブラウザは，それぞれ自身のコンソールに出力する。実際にアクセスしてみて，Web ブラウザのデバッグコンソールにサーバからのメッセージ，Ubuntu 端末の方にブラウザからのメッセージが表示されたことを確認しよう。

### 3.3.3 WebSocket によるチャットプログラム

Web ブラウザをユーザインタフェースとする場合，デザインは HTML で行うことになるが，デザインの作り込みとそれに関わるさまざまなコストの兼ね合いを考えなければならない。テスクトップアプリケーションのような複雑なユーザインタフェースを目指す場合，Ext

JS[†1]はよい選択肢となる。一方でWebページのようなデザインのユーザインタフェースを目指す場合Bootstrap[†2]を利用すれば，少ないコードで綺麗なページを作ることができる。本書ではBootstrapのバージョン4を利用する。

では，3.3.2項で作成したWebSocketサーバ・クライアントを拡張してチャットアプリケーションを作成しよう。Bootstrapに対応したHTMLを作成するには，CSSファイルといくつかのライブラリをリンクする。これらのファイルは公式ページからダウンロードもできるが，contents delivery network（CDN）経由でオンラインでリンクすることも可能である。これ以後のHTMLサンプルコードにはBootstrapが組み込まれている。

ではWebSocket通信を使ったチャットアプリケーションを考えてみよう。一つのサーバに複数のWebブラウザが接続し，それぞれのサーバから送られたメッセージをたがいのWebブラウザ上で表示するようにする。サーバ側のコードは**プログラム 3-7**のようになる。

──────── プログラム 3-7（websocket-chat-server.js）────────

```
 6   const filename = path.join(__dirname, 'websocket-chat-client.html');
 7   const wss = new ws.Server({ port: 8081 });
 8   wss.on('connection', (client) => {
 9       client.on('message', (message) => {
10           console.log('received: %s', message);
11           wss.clients.forEach((_client) => {
12               if (_client.readyState === ws.OPEN) {
13                   _client.send(message);
14               }
15           });
16       });
17       client.send('Hello From WebSocket Chat Server!');
18   });
```

WebSocket.Serverオブジェクトから，現時点で接続されているすべてのクライアントのコネクションを取得し，それぞれに対して受信したメッセージを送り返している。

つぎに，クライアントwebsocket-chat-client.htmlに示す。まずインタフェースだが，ユーザが発言を入力するテキストフィールド（`<div id="form">`）と，チャット発言表示エリア（`<div id="main">`）を作成する（**プログラム 3-8**）。

──────── プログラム 3-8（websocket-chat-client.html）────────

```
10   <div id="form" class="container">
11       <form id="chat-form">
12           <div class="form-group">
13               <label for="chat-text">発言：</label>
14               <input type="text" class="form-control" id="chat-text">
15           </div>
```

---

[†1] https://www.sencha.com/products/extjs/ （2018年7月現在）
[†2] https://getbootstrap.com/ （2018年7月現在）

```
16        </form>
17    </div>
18    <div id="main" class="container">
19    </div>
```

つぎに，発言の送受信のルーチンを示す．送信はフォームがサブミットされたときに行われ，発言を受信したときにはチャット発言表示エリアに発言の逆順で一覧表示する（**プログラム 3-9**）．

――― プログラム 3-9（websocket-chat-client.html）―――

```
26    const ws = new WebSocket("ws://localhost:8081/", ["test"]);
27    ws.onopen = () => {
28        ws.onmessage = (message) => {
29            //サーバから受信
30            $('<div>', {
31                class: 'alert alert-primary',
32                role: 'alert',
33                text: message.data
34            }).prependTo($('#main'));
35        };
36        $('#chat-form').on('submit', () => {
37            //サーバへ送信
38            ws.send($('#chat-text').val());
39            $('#chat-text').val("");
40            return false;
41        });
42    }
43    });
```

では，サーバを実行し，複数のブラウザ画面から http://localhost:8080/ に接続してみよう．テキストフィールドになんらかの文章を入力し Enter キーを押すと，その文章がサーバへ送信される．サーバはそれをつないでいるすべてのクライアントに返送する．それを受け

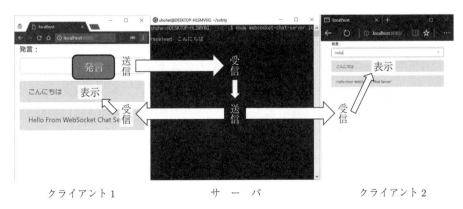

図 **3.1** WebSocket によるチャットの動作概要

取ったクライアントは，画面に Bootstrap の Alert 形式で一覧表示する。このプログラムのスクリーンショット画像とメッセージ送受信の概要を図 3.1 に示す。

### 3.3.4 JavaScript object notation（JSON）

さて，これまでに WebSocket を利用してテキストデータの送受信を行う方法を学んだ。しかしながら，実際は単なるテキストデータだけでなく，複雑な構造を持つデータの送受信を行うケースがほとんどであろう。一般的にそのような用途では XML を利用することが多いが，Web を通じた JavaScript プログラム間でのデータ送受信には JavaScript object notation（JSON）[†] が適している。

JSON は XML 同様，テキスト形式で半構造データを記述するフォーマットである。最大の特徴は，その文法が JavaScript のサブセットになっている点である。JSON は，JavaScript のリテラル，配列，オブジェクトおよびその入れ子を表現できる。JavaScript から容易に利用できるのはもちろんのこと，現在ではさまざまなプログラミング言語からも利用でき，データ交換の標準形式の一つとして広く使われている。

では，3.3.3 項で実装したチャットを拡張して，発言の他にハンドルネームも指定，表示できるようにしよう。つまり，これまで発言のみを送受信していたが，その発言をだれがしたのかというハンドルネーム情報も送らなければならない。まず，送受信するデータの形式を JSON で考えてみよう。例えば，`name` と `message` というプロパティを有するオブジェクトとして表してみる（**プログラム 3-10**）。

────── プログラム 3-10（websocket-message.json）──────

```
1  {
2      "name": "聖徳太子",
3      "message": "こんにちは"
4  }
```

JSON は JavaScript の文法を踏襲しているため，JavaScript のオブジェクトと相互変換が可能である。送信のためにテキスト化するには `JSON.stringify()` 関数を用いる。また受信した JSON を JavaScript プログラムに読み込むには `JSON.parse()` 関数を用いる。

この JSON 形式に対応したデータを送受信できるようにクライアントプログラムを改良しよう。まず，フォームにハンドルネームを入力するテキストフィールドを追加する（**プログラム 3-11**）。

────── プログラム 3-11（websocket-chat-client-kai.html）──────

```
11  <form id="chat-form">
12      <div class="form-row">
```

---
[†] https://www.json.org/json-ja.html （2018 年 7 月現在）

```
13        <div class="form-group col-md-3">
14          <label for="chat-hn">名前:</label>
15          <input type="text" class="form-control" id="chat-hn">
16        </div>
17        <div class="form-group col-md-8">
18          <label for="chat-text">発言：</label>
19          <input type="text" class="form-control" id="chat-text">
20        </div>
21        <div class="form-group col-md-1">
22          <label for="chat-btn">  </label>
23          <button type="submit" class="btn btn-primary" id="chat-btn">発言</button>
24        </div>
25      </div>
26 </form>
```

つぎに，送信時，受信時に JSON 形式へ変換して送信する処理を追加する（プログラム 3-12）。

──────── プログラム 3-12（websocket-chat-client-kai.html）────────

```
38  ws.onmessage = (message) => {
39      //サーバから受信
40      const envelope = JSON.parse(message.data);
41      $('<div>', {
42          class: 'alert alert-primary',
43          role: 'alert',
44          html: '<b>' + envelope.name + '</b>: ' + envelope.message
45      }).prependTo($('#main'));
46  };
47  $('#chat-form').on('submit', () => {
48      //サーバへ送信
49      const envelope = {
50          "name": $('#chat-hn').val(),
51          "message": $('#chat-text').val()
52      };
53      ws.send(JSON.stringify(envelope));
54      $('#chat-text').val("");
55      return false;
56  });
```

　サーバ側は大きな変更はない．変更点はサンプルプログラムの websocket-chat-server-kai.js を参照してほしい．3.3.3 項での例と同様にサーバプログラムを実行した後，Web ブラウザで http://localhost:8080/ にアクセスすると，チャットを開始できる．発言すると，サーバ側の端末に JSON 形式でハンドルネームと発言が表示されていることがわかるだろう．このように送受信データに JSON を使うことで，複雑なデータ構造を扱うことができる．

### 3.3.5 GeoJSON

またJSONに則った各種フォーマットもいろいろと提案されている。例えばGeoJSON[1]はRFC7946で規定された地理データ構造をエンコードするためのデータフォーマットで，OpenLayersやLeafletなどのWeb Mapping APIやPostGISやMongoDBなどの地理情報を扱うことができるデータベースなどが対応している。

プログラム 3-13 のコードは首都大学東京日野キャンパスと岡山理科大学を結ぶ直線（LineString）の定義である。座標は配列で経度，緯度の順で記載する。必要に応じてその後に高度も記載することができる。

────────── プログラム 3-13 (simple-linestring.geo.json) ──────────

```
1  {
2      "type": "LineString",
3      "coordinates": [
4          [139.3653938, 35.6613515],
5          [133.9272884, 34.6961635]
6      ]
7  }
```

### 3.3.6 MongoDBの利用

これまでにWeb 3層アーキテクチャのうち，クライアントレイヤとサーバレイヤの実装およびレイヤ間のデータ送受信について学んだ。つぎにサーバレイヤとデータベースレイヤのやり取りについて学ぶ。

実装に取り掛かる前にまずはMongoDBの取り扱いを学ぼう。関係データベースでは，データはテーブルという容器の中に複数の行が格納され，各行は複数のカラムから構成されている。一方でMongoDBはコレクションという容器の中に，複数のドキュメントが格納される。このドキュメントはJSON形式のオブジェクトと同等であり，行と列からなる関係データモデルより，柔軟なデータ構造に対応している。MongoDBは関係データベースとは異なり，事前のスキーマ定義は必要ない，しかしながら，コレクションは明示的にインデックスを付与することはできる。また，NoSQL全般にいえることだが，MongoDBも完全なACIDトランザクションには対応していない点も注意が必要である[2]。

では，MongoDBにsobigというデータベースを作成し，そのデータベースのシェルにログインしよう。データベースの作成は特に明示的な操作は必要なく，以下のログインコマンドをはじめて呼び出したときに自動で作成される。

---

[1] http://geojson.org（2018年7月現在）
[2] ただし4.0でトランザクションに対応する。

```
$ mongo sobig
```

つぎに関係データベースのテーブルに相当するコレクションを作成し，GeoJSON を含む JSON 文書を格納してみよう．この文書は endpoints に大学名の配列，line に endpoints で指定された大学を結ぶ直線が GeoJSON 形式で定義されている．ここでは，首都大学東京と岡山理科大学を結ぶ直線と大分工業高等専門学校と帯広畜産大学を結ぶ直線を格納してみよう．なお，検索の効率を上げるため，プログラム 3-14 の例では endpoints に B 木インデックス，line に地理インデックスを付与している．

―――――――― プログラム 3-14（mongodb-geojson-insert.mongo.js）――――――――

```
1  db.createCollection('geoJson');
2  db.geoJson.createIndex({ endpoitns: 1 });
3  db.geoJson.createIndex({ line: "2dsphere" });
4  db.geoJson.insert({
5      "endpoints": ["首都大学東京", "岡山理科大学"],
6      "line": {
7          "type": "LineString",
8          "coordinates": [
9              [139.3653938, 35.6613515],
10             [133.9272884, 34.6961635]
11         ]
12     }
13 });
14 db.geoJson.insert({
15     "endpoints": ["大分工業高等専門学校", "帯広畜産大学"],
16     "line": {
17         "type": "LineString",
18         "coordinates": [
19             [131.6158472, 33.214347],
20             [143.1709827, 42.876002]
21         ]
22     }
23 });
```

データの挿入が完了したので，このデータを検索で取り出してみよう．プログラム 3-15 では，endpoints の一致検索と line の地理空間検索を行う．

―――――――― プログラム 3-15（mongodb-geojson-find.mongo.js）――――――――

```
1  //endpoints に首都大学東京を含むドキュメントを検索
2  db.geoJson.find({ "endpoints": "首都大学東京" });
3
4  //上記クエリの実行プランを表示
5  db.geoJson.find({ "endpoints": "首都大学東京" }).explain();
6
7  //静岡大学，新潟大学を結ぶ線と交わる図形を持つドキュメントを検索
8  db.geoJson.find({
```

```
9      line: {
10         $geoIntersects: {
11            $geometry: {
12               "type": "LineString",
13               "coordinates": [
14                  [137.715474, 34.7247871],
15                  [138.9403503, 37.86701]
16               ]
17            }
18         }
19      }
20   });
```

検索には find() 関数を用いる。引数は JSON 形式で与えられ，さまざまな検索に対応している。また後ろに explain() を付けると，クエリ実行プランが表示される。これは，与えた検索にインデックスが使われているかなどの確認に使われる。MongoDB は地理空間検索に関するオペレータを持っている。例示した $geoIntersects は，与えた図形と交わる図形を検索するためのオペレータである。この例では静岡大学浜松キャンパスと新潟大学を結ぶ直線を与えた結果，データベースに格納した二つの直線のうち，首都大学東京日野キャンパスと岡山理科大学を結ぶ直線の方を得た。これもまた explain() を付けてクエリ実行プランを得るとインデックスが処理に利用されていることがわかる。

MongoDB のクエリに関しては専門の書籍が多数出版されているうえ，公式のリファレンス[†1]もよく整備されているので，それらを参照してほしい。

### 3.3.7 Node.js から MongoDB へのアクセス

MongoDB はさまざまな言語用のドライバを用意しており，Node.js 用のドライバ[†2]は npm 経由でインストールすることができる。

```
$ npm install --save mongodb
```

MongoDB はデフォルトではポート 27017 を使用して接続を待ち受けている。Node.js から，sobig データベースへ接続し，GeoJSON の全件を得るには，**プログラム 3-16** のようなコードになる。

───── プログラム 3-16（mongodb-node-connection.js）─────

```
1  const mongoClient = require('mongodb').MongoClient;
2  const url = 'mongodb://localhost:27017',
3      dbName = 'sobig';
4
```

---

[†1] https://docs.mongodb.com/ （2018 年 7 月現在）
[†2] https://www.npmjs.com/package/mongodb （2018 年 7 月現在）

```
5   mongoClient.connect(url, (err, client) => {
6       if (!err) {
7           process.on('SIGINT', () => {
8               console.log('切断して終了します。');
9               client.close();
10          });
11          console.log("MongoDB サーバへ接続しました。");
12          const db = client.db(dbName),
13              geoJson = db.collection('geoJson');
14          geoJson.find({}).toArray((err, docs) => {
15              console.log(docs);
16          });
17      }
18  });
```

では，3.3.6 項で作成した GeoJSON コレクションを呼び出す Node.js プログラムを実装してみよう．MongoDB へのコネクションはこのプログラムの起動中は保持しておきたいため，起動と同時に接続し，[Ctrl+C] が押されたら切断するようにする．問い合わせは全件検索のほか，上記で示した二つのクエリを実行する（**プログラム 3-17**）．

――――― プログラム 3-17（mongodb-geojson-find.js）―――――

```
1   const mongoClient = require('mongodb').MongoClient;
2   const url = 'mongodb://localhost:27017',
3       dbName = 'sobig';
4
5   mongoClient.connect(url, (err, client) => {
6       if (!err) {
7           process.on('SIGINT', () => {
8               console.log('切断して終了します。');
9               client.close();
10          });
11          console.log("MongoDB サーバへ接続しました。");
12          const db = client.db(dbName),
13              geoJson = db.collection('geoJson');
14          console.log("1. 全件検索----------開始");
15          geoJson.find({}).toArray((err, docs) => {
16              console.log("1. 全件検索==========終了");
17              console.log(docs);
18          });
19          console.log("2. 一致検索----------開始");
20          geoJson.find({ "endpoints": "首都大学東京" }).toArray((err, docs) => {
21              console.log("2. 一致検索==========終了");
22              console.log(docs);
23          });
24          console.log("3. 地理空間検索-------開始");
25          geoJson.find({
26              line: {
27                  $geoIntersects: {
```

```
28                    $geometry: {
29                        "type": "LineString",
30                        "coordinates": [
31                            [137.715474, 34.7247871],
32                            [138.9403503, 37.86701]
33                        ]
34                    }
35                }
36            }
37        }).toArray((err, docs) => {
38            console.log("3. 地理空間検索=======終了");
39            console.log(docs);
40        });
41    }
42 });
```

MongoDB のクエリ言語，Node.js のプログラミング言語はともに JavaScript であるため，MongoDB のシェルで入力する問い合わせと，Node.js のプログラムに記述する問い合わせは非常によく似ている．しかしながら，両者は完全に統合しているわけではなく，ライブラリ経由でのアクセスとなるため，コレクションの指定方法などで多少の違いが存在する．`find()` の結果はカーソルを返す．簡単にプログラムへ扱うには，それを配列に変換してやればよい．上記コード中の `toArray(err,docs)` にて，結果は配列に代入され `docs` 変数に格納される．当然であるが，大きな結果を得る問い合わせの場合，この方法の場合は大きなメモリ領域を占有することになる．そのような場合は関係データベースと同じくカーソルを直接使って結果にアクセスすることもできる．

さて，実行結果を見てほしい（**コマンドと実行結果 3-4**）．実行順を明確にするために，クエリ発行時と結果の取得時に標準出力に文字列を表示するようにしている．この順序に着目してほしい．

―― **コマンドと実行結果 3-4**（mongodb-geojson-find.out.txt）――

```
$ node mongodb-geojson-find.js
MongoDB サーバへ接続しました．
1. 全件検索----------開始
2. 一致検索----------開始
3. 地理空間検索-------開始
1. 全件検索==========終了
[ { _id: 5a692e11c3c750f24d20e350,
    endpoints: [ '首都大学東京', '岡山理科大学' ],
    line: { type: 'LineString', coordinates: [Array] } },
  { _id: 5a692e12c3c750f24d20e351,
    endpoints: [ '大分工業高等専門学校', '帯広畜産大学' ],
    line: { type: 'LineString', coordinates: [Array] } } ]
2. 一致検索==========終了
[ { _id: 5a692e11c3c750f24d20e350,
    endpoints: [ '首都大学東京', '岡山理科大学' ],
```

```
      line: { type: 'LineString', coordinates: [Array] } } ]
  3. 地理空間検索=======終了
  [ { _id: 5a692e11c3c750f24d20e350,
      endpoints: [ '首都大学東京', '岡山理科大学' ],
      line: { type: 'LineString', coordinates: [Array] } } ]
```

まず，全件検索，一致検索，地理空間検索の3件のクエリすべてが開始した後，その3件の結果が戻ってきている。プログラムと見比べると，`console.log`命令の順番と，実際の出力の順番が異なっていることに気づく。

本章の冒頭でも述べたが，これはNode.jsがNon-blocking処理を行っているという証左である。もしNon-blocking処理に慣れていないのなら，この振る舞いを奇異に感じるかもしれない。CGIやPHPなどのこれまでのサーバサイドスクリプティングにおいては，基本的にはページの先頭から末尾へと処理が流れ，I/Oが発生するときは，その都度プログラムはBlockされ処理待ちが発生する。しかしながら，Node.jsにおいて多くの処理は非同期で呼び出されるため，コールバック関数を渡して処理を続ける。このため，時間のかかる処理（クエリ処理）の終了を待たずに，つぎの処理（クエリ発行）に進む。この仕組みにより，シングルスレッドのプログラムではあるが，高い処理効率を得ることができる。

### 3.3.8 非同期処理環境における処理フローの記述

JavaScript，特に非同期処理を基本としたNode.jsでは，コールバック関数を引数にとる非同期呼び出しが多用される。例えば上記の三つのMongoDBクエリを結果の取得まで含めて順に実行しなければならない場合は，最初の結果取得のコールバックの中に，つぎのクエリの発行と結果取得のコードを記述することになり，処理のフローが入れ子で表現される。

Node.jsでは処理の終了がコールバックに通知される関数は非常に多く，しばしば何重ものコールバックが入れ子になり，いわゆるコールバック地獄と呼ばれる状態になる。この入れ子の階層が深くなればなるほど，ソースコードの可読性が落ちるため，なるべく防ぎたい。そこで非同期処理においても，複雑な処理フローを可読性を保ちながら書くことができるAsyncライブラリ[†]を利用する。

```
$ npm install --save async
```

Asyncはさまざまな非同期処理フローと，配列に対するさまざまな非同期走査フローを，高い可読性で記述できるライブラリである。繰り返し処理や並列処理，直列処理を，入れ子を深くすることなく記述できるほか，配列に対するFilterやTranform，Map，Reduce処理などを簡単に記述することができる。

---

[†] https://www.npmjs.com/package/async（2018年7月現在）

では，先ほどの三つの MongoDB に対する問い合わせを直列に記述する．直列処理は `async.waterfall(tasks,finalize)` 関数で行う．`tasks` は関数の配列をとり，この関数が順番に実行されることが保証される．また，`finalize` は処理のいずれかの段階でエラーが返るか，すべてが正常に終了した段階で呼ばれる．`finalize` の引数は 1 番目がエラーフラグ，2 番目以降が `tasks` の各関数が返す値である．`tasks` のそれぞれの関数には，それ以前に実行された関数の返す結果に加えて，`callback` が引数として渡される．`callback` は処理終了時に，エラーフラグを第一引数，つぎのタスクに伝える結果を第二引数以降に定義して呼び出す．この際エラーフラグが `null` 以外ならば，処理は `finalize` に移り，そうでなければつぎのタスクに進む（**プログラム 3-18**）．

────────── **プログラム 3-18**（mongodb-geojson-find.js）──────────

```
1   const mongoClient = require('mongodb').MongoClient,
2       async = require('async');
3   const url = 'mongodb://localhost:27017',
4       dbName = 'sobig';
5   
6   async.waterfall([
7       (callback) => {
8           //接続処理
9           mongoClient.connect(url, callback);
10      },
11      (client, callback) => {
12          //接続後の処理
13          process.on('SIGINT', () => {
14              console.log('切断して終了します。');
15              client.close();
16          });
17          const db = client.db(dbName),
18              geoJson = db.collection('geoJson');
19          callback(false, geoJson);
20      },
21      (geoJson, callback) => {
22          console.log("1. 全件検索----------開始");
23          geoJson.find({}).toArray((err, docs) => {
24              console.log("1. 全件検索==========終了");
25              console.log(docs);
26              callback(err, geoJson, docs.length);
27          });
28      },
29      (geoJson, result1, callback) => {
30          console.log("2. 一致検索----------開始");
31          geoJson.find({ "endpoints": "首都大学東京" }).toArray((err, docs) => {
32              console.log("2. 一致検索==========終了");
33              console.log(docs);
34              callback(err, geoJson, result1, docs.length);
35          });
```

```
36          },
37          (geoJson, result1, result2, callback) => {
38              console.log("3.地理空間検索-------開始");
39              geoJson.find({
40                  line: {
41                      $geoIntersects: {
42                          $geometry: {
43                              "type": "LineString",
44                              "coordinates": [
45                                  [137.715474, 34.7247871],
46                                  [138.9403503, 37.86701]
47                              ]
48                          }
49                      }
50                  }
51              }).toArray((err, docs) => {
52                  console.log("3.地理空間検索=======終了");
53                  console.log(docs);
54                  callback(err, geoJson, result1, result2, docs.length);
55              });
56          },
57      ], (err, geoJson, result1, result2, result3) => {
58          if (err) {
59              console.log("失敗");
60          } else {
61              console.log("終了");
62              console.log("結果件数：", result1 + '件', result2 + '件', result3 + '件');
63          }
64  });
```

このプログラムでは MongoDB の接続処理と三つの検索が順に実行される．各検索タスクはつぎのタスクに，検索で得られた文書数を渡している．その値はバケツリレーされ，`finalize` まで渡される．

では，このプログラムが実行されたときに，各クエリは結果の表示まで含めて，直列で実行されるか確かめてみよう（コマンドと実行結果 3-5）．

──────── コマンドと実行結果 3-5（mongodb-geojson-find-waterfall.out.txt）────────

```
$ node test.js
1.全件検索----------開始
1.全件検索==========終了
[ { _id: 5a692e11c3c750f24d20e350,
    endpoints: [ '首都大学東京', '岡山理科大学' ],
    line: { type: 'LineString', coordinates: [Array] } },
  { _id: 5a692e12c3c750f24d20e351,
    endpoints: [ '大分工業高等専門学校', '帯広畜産大学' ],
    line: { type: 'LineString', coordinates: [Array] } } ]
2.一致検索----------開始
2.一致検索==========終了
```

```
[ { _id: 5a692e11c3c750f24d20e350,
    endpoints: [ '首都大学東京', '岡山理科大学' ],
    line: { type: 'LineString', coordinates: [Array] } } ]
3. 地理空間検索-------開始
3. 地理空間検索=======終了
[ { _id: 5a692e11c3c750f24d20e350,
    endpoints: [ '首都大学東京', '岡山理科大学' ],
    line: { type: 'LineString', coordinates: [Array] } } ]
終了
結果件数：2件1件1件
```

このように，各検索と結果の取得が順に実行されていることがわかる．また，各タスクのコールバックとして渡された結果件数が `finalize` で正しく表示できていることも確認できる．Async はこの `waterfall()` の他にも，並列実行のための `parallel()`，指定回数繰り返し実行する `times()`，タスク失敗時に自動的に再実行する `retry()` など，さまざまな処理フローに対応している．

### 3.3.9 MongoDB と WebSocket によるチャットプログラム

では，チャットプログラムに話を戻して，この会話ログを MongoDB へ格納することを考えよう．チャットのサーバプログラムは，Web サーバとしての機能，WebSocket サーバとしての機能に加えて MongoDB クライアントとしての機能を持つ必要がある．まずは，この接続関係の処理を Async を用いて簡潔に書いてみよう．

MongoDB はあらかじめコレクションのスキーマを規定する必要はないが，実装のために想定する格納データ例を考えておく必要がある．今回は，以前示した WebSocket 通信に用いるデータ形式をもとに，サーバに発言が届いたタイムスタンプを付与したフォーマットとする（プログラム 3-19）．

──────── プログラム 3-19 (websocket-mongodb-chat-message.json) ────────

```
1  {
2      "name": "聖徳太子",
3      "message": "こんにちは",
4      "time": 1516864985541
5  }
```

さて，サーバのプログラムを見ていこう．websocket-mongodb-chat-server.js を見てほしい（プログラム 3-20）．冒頭のライブラリ呼び出しの後，ファイル読み込みや通信のための設定がオブジェクト `value` に連想配列の形式で定義されている．`html` は HTTPS サーバが返すための HTML ファイルのパスである．`http` は Web サーバの待ち受けポート番号，`websocket` は WebSocket サーバの待ち受けポート番号である．また MongoDB サーバへ接続するための URL やデータベース名，コレクション名を `mongodb` に定義している．

―――――― プログラム 3-20 (websocket-mongodb-chat-server.js) ――――――

```
1   const http = require('http'),
2       ws = require('ws'),
3       fs = require('fs'),
4       path = require('path'),
5       async = require('async'),
6       mongoClient = require('mongodb').MongoClient;
7   const values = {
8       'html': path.join(__dirname, 'websocket-mongo-chat-client.html'),
9       'http': 8080,
10      'websocket': 8081,
11      'mongodb': {
12          url: 'mongodb://localhost:27017',
13          db: 'sobig',
14          collection: 'chat',
15      }
16  };
```

Async の便利な機能の一つに mapValues() がある。これは連想配列を第一引数にとり，その要素の数だけ並列処理するための Map 関数である。プログラム 3-21 では，ファイル読み込み，Web サーバ立ち上げ，WebSocket サーバ立ち上げ，MongoDB データベースへの接続という四つのタスクを並列処理している。

―――――― プログラム 3-21 (websocket-mongodb-chat-server.js) ――――――

```
18  async.mapValues(values,
19      (val, key, callback) => {
20          switch (key) {
21              case 'html':
22                  fs.readFile(val, 'binary', callback);
23                  break;
24              case 'http':
25                  let httpd = http.createServer();
26                  httpd.listen(val);
27                  callback(null, httpd)
28                  break;
29              case 'websocket':
30                  const wss = new ws.Server({ port: val });
31                  callback(null, wss);
32                  break;
33              case 'mongodb':
34                  mongoClient.connect(val.url, (err, connection) => {
35                      const db = connection.db(val.db),
36                          collection = db.collection(val.collection);
37                      callback(err, collection);
38                  });
39                  break;
40          }
41      },
```

```
42        (err, $) => {
43            if (err) {
44                throw new Error(' 接続初期化エラー ' + JSON.stringify(err));
45            }
```

mapValue() 関数の便利なところは，メインルーチンで処理した結果が，同じく連想配列に格納され，処理終了時のコールバックに渡されることである．このコールバックは 43 行目からはじまっており，変数 $ に結果が渡されている．この Map 関数への入力と出力をまとめると表 3.2 になる．

表 3.2 Map 関数への入出力

| キー | 入 力 | 処 理 | 出 力 |
|---|---|---|---|
| html | ファイルパス | ファイル読み込み | ファイルの内容 |
| http | ポート番号 | サーバ立ち上げ | サーバオブジェクト |
| websocket | ポート番号 | サーバ立ち上げ | サーバオブジェクト |
| mongodb | 接続情報 | 接続 | コレクションオブジェクト |

では，続くコードも見てみよう（プログラム 3-22）．47 行目から Web サーバに対してレスポンスのためのコールバック関数を定義している．ここでは，あらゆるリクエストに対して，すでに読み込まれた HTML ファイルを返している．

────── プログラム 3-22（websocket-mongodb-chat-server.js） ──────

```
46    $['http'].on('request', (request, response) => {
47        const header = {
48            'Content-Type': 'text/html',
49            'Access-Control-Allow-Origin': '*',
50            'Pragma': 'no-cache',
51            'Cache-Control': 'no-cache'
52        }
53        response.writeHead(200, header);
54        response.write($['html'], 'binary');
55        response.end();
56    });
57
58    $['websocket'].on('connection', (client) => {
59        $['mongodb'].find({}).sort({ time: -1 })
60            .limit(5).toArray((err, docs) => {
61                async.eachSeries(docs, (doc, fin) => {
62                    client.send(JSON.stringify(doc), fin);
63                });
64            });
65        client.on('message', (message) => {
66            message = JSON.parse(message);
67            message.time = Date.now();
68            async.parallel([
69                (callback) => {
```

```
70              $['mongodb'].insertOne(message, callback);
71            },
72            (callback) => {
73              async.each($['websocket'].clients,
74                (_client, fin) => {
75                  if (_client.readyState === ws.OPEN) {
76                    _client.send(JSON.stringify(message));
77                  }
78                  fin(null);
79                },
80                callback);
81            },
82          ], (err, result) => {
83            console.log('received: %s', JSON.stringify(message));
84          });
85        });
86      });
87    }
88  );
```

つぎに WebSocket サーバにクライアントから接続があった際の処理が 59 行目から書かれている．接続時にはデータベースから直近の過去 5 件の発言を返している．また，クライアントから発言が届いた際のコールバック関数（66 行目）を定義している．ここでは `async.parallel()` 関数を用いて，データベースへの発言書き込み（71 行目）と，他の WebSocket クライアントへの発言の送信（74 行目）を並列に行っている．

クライアントに関してはほとんど変更点がないが，データベースで発言時刻を管理するようにしているので，それも表示してみよう．詳細はサンプルコードの websocket-mongodb-chat-cliant.js を参照してほしい．

さて，本章では，ソーシャルビッグデータ処理を支えるための各種技術について，データベースからユーザインタフェースまで網羅的に学んだ．また本章では JavaScript を例示に用いているが，他のプログラミング言語を用いても同様なことはできるだろう．Python はデータマイニングに関するライブラリが豊富にあるし，Scala のような表現力の高い関数型言語も適しているかもしれない．しかしながら，Web ブラウザ上でもサーバ上でも動作し，インターネット通信を介した Web 3 層アーキテクチャと親和性が高く，データベースクエリも書くことができる言語は JavaScript をおいて他に存在しない．この理由から，本書では 4 章以降おもに JavaScript を用いて，ソーシャルビッグデータ処理のデータ収集，可視化，分析技術について，読者諸氏が容易に実践できるようサンプルコードを示しながら解説する．

# 4 データを集める

## 4.1 ソーシャルビッグデータを知る

　ソーシャルビッグデータ分析のプログラムを開発する際にとるべき戦略は3通りある。ソーシャルデータを格納しているデータベースへ直接アクセスする方法，ある時点でのデータのスナップショットをダウンロードして自前のデータベースを作成し，そこにアクセスする方法，そして Web サービス経由でアクセスする方法だ。

　例えば，みなさんが独自の SNS を開発していて，そのデータ全体にアクセスする権利を持っているのなら，当然データベースへ直接アクセスするのが効率よい。しかしながらほとんどのケースで，第三者としてソーシャルデータを使う立場だと思う。外部からソーシャルビッグデータへアクセスする際，データ全体のスナップショットを使うか，Web サービス経由で利用するかは，サービスによって異なる。

　例えば，Twitter や Flickr は独自の Web API を持っており，またさまざまなプログラミング言語からその Web API を容易に使えるようなライブラリを公開している。一方で Wikipedia や OpenStreetMap のようにデータ全体のダウンロードが行えるサービスもある。

　つねにデータ全体にアクセスできる Wikipedia や OpenStreetMaps に付加価値を付けてラップした新たなサービスも存在する。例えば DBpedia[1] は Wikipedia のデータを linked open data（LOD）形式で表現し，SPARQL で検索が行えるようなエンドポイントを整備している。同様に OpenStreetMap には Overpass API[2] という，地物検索のための API が整備されており，だれでも OpenStreetMap のスナップショットを使った地理情報検索サーバを構築することができる。また，著名な Web マップの JavaScript ライブラリ，Leaflet[3] や OpenLayers[4] も，OpenStreetMap のデータを用いた地図レイヤを描画できる。

---

[1] http://ja.dbpedia.org/ （2018 年 7 月現在）
[2] http://overpass-api.de/ （2018 年 7 月現在）
[3] http://leafletjs.com/ （2018 年 7 月現在）
[4] https://openlayers.org/ （2018 年 7 月現在）

では，実際にそれらのビッグデータ分析におけるデータのライフサイクルを考えてみよう。図 4.1 はソーシャルデータ分析で重要な五つのステージからなるライフサイクルである。収集 (crawl あるいは collect)，蓄積 (accumulate)，検索 (search)，分析 (analyze)，そして公開 (publish) である。また公開された分析結果は，第三者によって別の目的に活用されるというつぎのサイクルにつながる。このライフサイクルを CASAP サイクルと呼ぶことにしよう。

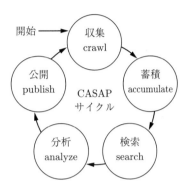

図 4.1　ソーシャルビッグデータ活用のライフサイクル

まずは本章では，CASAP サイクルの最初の 2 ステップ，crawl と accumulate を学ぼう。データの蓄積方法は 3 章で構築した MongoDB を用いる。今回活用するソーシャルビッグデータは，マイクロブログの Twitter，写真共有サイトの Flickr，そしてユーザ参加型百科事典 Wikipedia と Web 地図サービスの OpenStreetMap を対象とする。

では，Node.js にそれらのライブラリをインストールしよう（**コマンド 4-1**）。

―――― コマンド 4-1（install-node-snslib.sh）――――
```
npm install --save twitter
npm install --save flickr-sdk
npm install --save dbpedia-sparql-client
npm install --save query-overpass
```

## 4.2　ソーシャルビッグデータの収集

さて，実際に SNS からデータをクローリングしてみよう。Twitter や Flickr では，外部からのサービスを利用するにはそれら SNS のアカウントを作成しなければならない。もし持っていない場合は，それぞれのサイトへアクセスし，アカウントを作成してほしい。

つぎに，認証に必要な情報を取得する。多くのケースでソーシャルビッグデータを Web API 経由でアクセスする場合，なんらかの認証と認可のプロセスを通す必要がある。認証と認可の違いに関しては，本書のスコープを超えるためここでは詳述しないが，外部からのア

クセスに対して「だれがなにをしてよいのか」というセキュリティ上の規定に対し，「だれが」という部分を保証する仕組みが認証，「なにをしてよいのか」という部分を保証する仕組みが認可と考えればよい．つまり，外部から HTTP などのプロトコルで Web API へのアクセスがあったとして，それがどのユーザであり，どのような操作が許されているのかという検証を通過してはじめてソーシャルビッグデータを引き出せるようになる．

その認証と認可のために，API キーと呼ばれる一見ランダムに見える文字列を取得する必要がある．Twitter では Consumer Key, Consumer Secret, Access Token, Access Token Secret という四つの文字列を取得する．Flickr では API キーと Secret という二つの文字列を取得する．これは Web ブラウザで Twitter や Flickr のユーザプロファイルページから取得できるが，詳細に関しては，公式の文書などを参考にしてほしい．DBpedia と Overpass に関しては，現時点では認証認可は必要ではない．

では，それらの API キーを取得して，/sobig/sns-api-keys.json に格納しよう．フォーマットは example ディレクトリにあるのでそれを参考にしてほしい．本章で解説するクローラのサンプルプログラムは，この JSON ファイルが実行ファイルと同じディレクトリにあることを想定している（プログラム 4-1）．

―――――――― プログラム 4-1（sns-api-keys.json）――――――――

```
 1  {
 2      "twitter": {
 3          "Consumer Key": "",
 4          "Consumer Secret": "",
 5          "Access Token": "",
 6          "Access Token Secret": ""
 7      },
 8      "flickr": {
 9          "API Key": "",
10          "Secret": ""
11      }
12  }
```

### 4.2.1 検索による Twitter データの収集

Twitter からソーシャルデータをクロールするには，Search API と Streaming API という 2 種類の API のうちのどちらかを使う．Search API は文字通り，過去のツイートを検索するための API であり，Streaming API はいまつぶやかれているツイートをリアルタイムに取得するための API である．通常のユーザには，検索できる期間や取得できるリアルタイムツイート数，また API 呼び出し数に制限があるので注意が必要である．

さて，では Search API を使って，ツイートを取得するプログラムを作ってみよう（プログラム 4-2）．

―――――― プログラム 4-2（twitter-search-simple.js）――――――

```
1  const Twitter = require('twitter'),
2      apikeys = require(__dirname + '/sns-api-keys.json');
3  const client = new Twitter(apikeys.twitter);
4
5  client.get('search/tweets', { q: 'なう。' })
6      .then((tweets) => {
7          tweets.statuses.forEach((status) => {
8              console.log('ID:   \t' + status.id);
9              console.log('Tweet:\t' + status.text);
10             console.log('=====');
11         })
12     })
13     .catch((error) => {
14         throw error;
15     });
```

この例では，「なう。」が含まれるツイートを検索している．Twitter API の呼び出しは get(method,parameter,callback) 関数で行う．method は検索ならば search/tweets で，parameter は検索のための引数であり，連想配列形式で記述する．callback は結果を受け取るための関数で，エラーフラグ（error），検索結果 tweets，得られたツイートを forEach 文にて，全件標準出力に表示している．パラメータの仕様を**表 4.1** に記す．なお，無料版の Twitter API では検索結果に現れるツイートは過去 7 日分のものに限られるという制限があるので注意が必要である．

表 4.1　search/tweets のパラメータの仕様

| 名　前 | 説　明 | 例 |
| --- | --- | --- |
| q | 検索ワード（必須） | なう。 |
| geocode | 地理検索パラメータ | 139.3653938 35.6613515 2km |
| lang | 検索するツイートの言語 | ja |
| locale | 検索語の言語 | ja |
| result_type | 最新ツイートか人気ツイートか | recent |
| count | 検索件数 | 100 |
| until | 指定された日付以前のツイートを返す | 2017-10-31 |
| since_id | 指定された ID よりも大きな ID を持つツイートを返す | 12345 |
| include_entities | エンティティを結果に含む | false |

### 4.2.2　新着監視による Twitter データの収集

つぎに，最新のツイートをつねに監視して新着ツイートがあればそれを取得するという Streaming API を用いて，ツイートの取得を試みる．この Streaming API の無料版で取得できるのは全ツイートの 1%のみであるが，それでも十分に大きな量のソーシャルデータを得ることができる．Streaming API は method に statuses/filter を指定する．パラメー

表 4.2 statuses/filter のパラメータの仕様

| 名 前 | 説 明 | 例 |
|---|---|---|
| follow | 特定のユーザ ID を監視する（カンマ区切りで複数指定可） | 412940784 |
| track | 検索ワード | なう。 |
| locations | 地理範囲（bbox）指定 | 139.36,35.66,139.36,35.66 |

タは表 4.2 の通りである。

なお，Streaming API の場合，三つのパラメータは独立なので注意が必要である．つまり track と locations の両方を指定した場合，指定したキーワードを含むツイートか，もしくは指定された場所内でつぶやかれたツイートを返す．では実際のコードを見てみよう．プログラム 4-3 は Search API の例と同じく「なう。」が含まれるツイートを表示するプログラムである．

———— プログラム 4-3（twitter-streaming-simple.js）————

```
1  const Twitter = require('twitter'),
2      apikeys = require(__dirname + '/sns-api-keys.json');
3  const client = new Twitter(apikeys.twitter);
4
5  const stream = client.stream('statuses/filter', { track: "なう。" });
6  stream.on('data', (status) => {
7      console.log('ID:  \t' + status.id);
8      console.log('Tweet:\t' + status.text);
9      console.log("====");
10 });
11 stream.on('error', (error) => {
12     throw error;
13 });
```

このプログラムを実行すると，リアルタイムに「なう。」を持つツイートを監視し，つぶやかれたら画面に表示される．ただし先述したように，Streaming API は全ツイートの 1% のみを利用するため，全世界でつぶやかれた「なう。」を持つツイートすべてが表示されるわけではない．Twitter API は無償の Standard と，有償の Premium, Enterprise という三つの異なる API を持っている．API による制約を超えてツイートを取得したい場合は，それら有償アクセス権の使用を検討する必要がある．

### 4.2.3 検索による Flickr データの収集

さて，つぎは写真共有サイト Flickr の写真やメタデータを取得してみよう．まずはキーワード検索で写真のリストを取得するプログラムを説明する（プログラム 4-4）．

———— プログラム 4-4（flickr-search-simple.js）————

```
1  const Flickr = require('flickr-sdk'),
2      apikeys = require(__dirname + '/sns-api-keys.json');
```

```
 3   const flickr = new Flickr(apikeys.flickr.consumer_key);
 4
 5   flickr.photos.search({
 6       tags: 'sunset,beach',
 7       tag_mode: 'all',
 8       extras: 'tags,url_m'
 9   }).then((response) => {
10       let photos = response.body.photos;
11       photos.photo.forEach((photo) => {
12           console.log('ID:   \t' + photo.id);
13           console.log('Title:\t' + photo.title);
14           console.log('Tags:\t' + photo.tags);
15           console.log('URL:  \t' + photo.url_m);
16           console.log('====');
17       });
18       console.log('全' + photos.pages + 'ページ中' + photos.page + 'ページ目');
19       console.log('全' + photos.total + '枚中' + photos.perpage + '毎表示');
20   }).catch((error) => {
21       throw error;
22   });
```

flickr.photos.search は，キーワードを入力にとり，それにマッチする写真のリストを返す．このプログラム例では sunset と beach が検索キーワードとして与えられており，tag_mode が all と指定されているため，その両方のキーワードを持つ写真のみが結果に現れる．また extars に，結果に含む追加情報の種類を指定する．この例では，写真に付与されたタグと，中ぐらいのサイズのサムネイル画像の URL が指定されている．flickr.photos.search に与えるパラメータのうち重要なものを表 4.3 に記す．

extras を指定することで写真に関する多くの情報，例えば撮影時刻（date_taken），撮影

表 4.3　flickr.photos.search のパラメータの仕様（抜粋）

| 名　前 | 説　明 | 例 |
| --- | --- | --- |
| user_id | 指定されたユーザの写真を得る | 35067495@N04 |
| tags | 検索タグ | sunset |
| tag_mode | 検索モード（any もしくは all） | any |
| text | 検索ワード（タグ以外からも検索する） | sunset |
| min_taken_date | 指定された日時以降の写真を得る | 2018-1-1 |
| max_taken_date | 指定された日時以前の写真を得る | 2018-1-1 |
| sort | 結果の順序付け方法 | date-taken-desc |
| bbox | 与えられた地理範囲内で撮影された写真を得る | 4.08,42.62,0.23,43.66 |
| has_geo | 0 以外を設定するとジオタグ付き写真のみを得る | 1 |
| extras | 結果に含める追加情報（date_taken, geo, tags など） | geo, tags |
| per_page | 一度のレスポンスに含める結果数 | 500 |
| page | 表示するページ | 1 |

位置（geo），タグリスト（tags），閲覧数（views），サムネイル画像の URL（url_s, url_m, url_l）などを，検索結果に含めることができる。Flickr は，それに加えて，ここに現れない写真に関するメタデータをたくさん有している。例えば EXIF と呼ばれる写真のメタデータは別の method を使って，写真ごとに呼び出さなければならない。

　ここで，API の内部実装について考えてみよう。Twitter も Flickr も基本的には REST 型の Web Service で成り立っている。つまり，定められた URL にパラメータを渡し，結果が HTTP Response として JSON 形式などで返ってくる。ここで利用しているライブラリは，その通信をラップして，プログラムからは，あたかも関数コールのようにこの Web Service を利用できる。関数コールの度にバックグラウンドで HTTP Request と Response が発生しているが，それらの処理はライブラリ内に隠蔽されている。

　では flickr.photos.search にて，例えば 500 枚の写真を得たとして，それぞれに対して EXIF データを取得することを考えると，501 件の HTTP Request が発生することになる。これを短期間に行ってしまうと，ネットワークの帯域，サーバリソース双方に影響を与えることになる。そのため，サーバ側にて，ユーザに許可する単位時間当りの HTTP Request 数が定められている。例えば Twitter の Search API では 15 分当り 180 回のリクエストが限度となっている，また Flickr の場合は 1QPS（queries par second）が目安となっている。これを超えた場合は，一定時間ペナルティが発生する。もう一つは，クライアント側としての規制である。多くの Web ブラウザは，同時に同じサイトへ行う HTTP Request を 6 件までとしている。

　では，そのマナーに従って，flickr.photos.search で得られた写真すべてに対して EXIF を取得するプログラムを実装しよう。複数のタスクのうち同時に $n$ 件のみ実行する関数は Async ライブラリにいくつか存在する。今回は mapLimit() を用いよう。mapLimit() は，非同期に動作する配列のイテレータの一種だが，コールバック関数の実行がつねにユーザの指定した数を超えないように制御する。

　では，実装をしてみよう。プログラムの大枠は先に実装した twitter-streaming-simple.js が使える。結果取得の際に呼ばれるコールバック関数の中で，結果で得られた写真すべてに対して，flickr.photos.getExif を使い，EXIF メタデータを取得する。プログラムの当該部分をプログラム 4-5 に示す。

―――――――――――― プログラム 4-5（flickr-search-exif.js）――――――――――――

```
12    async.mapLimit(photos.photo, 6, (photo, fin) => {
13        flickr.photos.getExif({
14            photo_id: photo.id
15        }).then((resExif) => {
16            console.log("\t" + photo.id);
```

```
17          photo.camera = resExif.body.photo.camera;
18          photo.exif = {};
19          resExif.body.photo.exif.forEach((item) => {
20              photo.exif[item.tag] = item.raw._content;
21          });
22          fin(null, photo);
23      }).catch((error) => {
24          console.log("[SKIP]\t", photo.id);
25          fin(null, photo);
26          //throw error;
27      });
```

flickr.photos.getExifは写真のIDを渡すことによって，そのEXIFを得る．15行目の変数resExifに結果が格納されている．FlickrはEXIFを配列形式で返す．EXIFはkeyとvalueからなる値であり，19〜21行目で，連想配列photo.exifとして保存している．なお，写真にEXIFが存在しない場合は23〜27行目のエラーハンドラにより，無処理でmapLimit()ループを正常終了させている．実運用を考える際は，EXIFが存在しない場合だけでなく，ネットワークエラーなどでもこのエラーハンドラが呼ばれる可能性があるため，エラーの切り分けと適正な後処理の定義が必要となる．しかしながら，本書のサンプルコードではそれを省略している．

さて，flickr.photos.searchで得られたすべての写真のEXIFの取得が終了すると，mapLimitの4番目の引数に指定されたコールバック関数が呼ばれる（**プログラム 4-6**）．

——————— **プログラム 4-6** (flickr-search-exif.js) ———————

```
28  }, (error, photosWithEXIF) => {
29      photosWithEXIF.forEach((photo) => {
30          if (photo.exif && photo.exif.ExposureTime && photo.exif.FNumber) {
31              console.log('ID:  \t' + photo.id);
32              console.log('camera:\t' + photo.camera);
33              console.log('S:\t' + photo.exif.ExposureTime);
34              console.log('A:\t' + photo.exif.FNumber);
35              console.log('URL: \t' + photo.url_m);
36              console.log('====');
37          }
38      });
39  });
```

EXIFには写真に関するさまざまなメタデータが付与されている．ここでは，その中でも写真に関して最も重要な情報であるシャッタースピード（ExposureTime）と絞り値（FNumber）を表示している．他にも，ISOスピード（ISO），35 mmフィルム換算焦点距離（FocalLengthIn35mmFormat），フラッシュの有無（Flash）などが利用できる．

### 4.2.4 新着監視による Flickr データの収集

さて，Flickr もリアルタイムにユーザが投稿した写真を取得する `method` を用意している。`flickr.photos.getRecent` である。パラメータの使用を表 4.4 に示す。`flickr.photos.getRecent` は，この API が呼ばれた時点における新着写真を返す。

表 4.4 `flickr.photos.getRecent` のパラメータの仕様

| 名　前 | 説　明 | 例 |
|---|---|---|
| extras | 結果に含める追加情報（`date_taken`, `geo`, `tags` など） | `geo, tags` |
| per_page | 一度のレスポンスに含める結果数 | 500 |
| page | 表示するページ | 1 |

Twitter の同様の機能 `statuses/filter` は，ライブラリによって個々の API コールが隠蔽され，ストリーミング形式でアクセスできるようになっていたが，Flickr のライブラリではその機能はなく，一定期間ごとに繰り返し `flickr.photos.getRecent` を呼ぶことで，新着写真を監視する。

では，30 秒ごとに新着写真をチェックして，新しい写真があったらそれを表示するプログラムを考えよう。一定期間ごとに同じ動作を繰り返すには `async.retry` が使えるが，ここでは，UNIX の cron と同様のフォーマットで繰り返し処理を定義できるライブラリ cron を利用してみよう。

```
npm install -save cron
```

それでは，この cron ライブラリを用いて，毎分 0 秒と 30 秒に `flickr.photos.getRecent` を呼んで新着写真をチェックするプログラムを実装しよう（プログラム 4-7）。

──────── プログラム 4-7 (flickr-stream-simple.js) ────────

```
 6   let lastID = 0;
 7   new CronJob('*/30 * * * * *', () => {
 8       flickr.photos.getRecent({
 9           extras: 'tags,url_m'
10       }).then((response) => {
11           let photos = response.body.photos;
12           photos.photo.forEach((photo) => {
13               if (lastID < parseInt(photo.id)) {
14                   console.log('ID:   \t' + photo.id);
15                   console.log('Title:\t' + photo.title);
16                   console.log('Tags:\t' + photo.tags);
17                   console.log('URL:  \t' + photo.url_m);
18                   console.log('====');
19                   lastID = parseInt(photo.id);
20               }
21           });
22       }).catch((error) => {
```

```
23          throw error;
24      });
25 }, null, true, 'Asia/Tokyo');
```

Flickr の写真に付与される id がアップロード時刻に対して単純増加の整数をとることに着目し，最新の id を変数 lastID に記録し，取得した写真の id がそれより大きい場合，新着写真として画面に表示している．

### 4.2.5 DBpedia を用いた Wikipedia データの収集

Wikipedia はユーザ参加型の百科事典で，Twitter や Flickr と異なり非営利団体が運営しているため，すべてのデータを巨大な XML ファイルとして制限なくダウンロードすることができる．しかしながら，そのままでは記事の文書データにすぎず，辞典に含まれる膨大なセマンティックの抽出には，複雑な処理を要する．この記事のセマンティックを抽出し，Linked Open Data（LOD）として公開しているのが DBpedia[†1]というプロジェクトである．DBpedia は RDF クエリ言語である SPARQL のエンドポイントを持っており，Wikipedia データに対して，オントロジーを利用した問い合わせを行うことができる．SPARQL に関しては本書のスコープを超えてしまうのでここでは説明しないが，Node.js では dbpedia-sparql-client ライブラリを用いると，DBpedia に対する SPARQL クエリの発行と結果の取得ができる．

```
npm install -save dbpedia-sparql-client
```

では，実際に DBpedia からデータを取得してみよう．DBpedia のオントロジー[†2]を用いることで Wikipedia から特定の記事のみを抽出することができる．例えば Stadium というタイプを持ち，緯度・経度情報を有する記事の一覧を出すプログラムは**プログラム 4-8** のようになる．

―――――――― プログラム 4-8 (dbpedia-query-simple.js) ――――――――

```
1  const dps = require('dbpedia-sparql-client').default;
2
3  const query = `PREFIX geo:   <http://www.w3.org/2003/01/geo/wgs84_pos#>
4  PREFIX foaf: <http://xmlns.com/foaf/0.1/>
5  PREFIX dbpo: <http://dbpedia.org/ontology/>
6  select distinct ?name ?lat ?long where {
7      ?s rdf:type dbpo:Stadium.
8      ?s rdfs:label ?name.
9      ?s geo:lat ?lat.
10     ?s geo:long ?long.
11     FILTER ( lang(?name) = "ja" )
```

---

[†1] http://wiki.dbpedia.org/ （2018 年 7 月現在）
[†2] http://mappings.dbpedia.org/server/ontology/classes/ （2018 年 7 月現在）

```
12     }`;
13     dps.client().query(query).timeout(15000).asJson().then((r) => {
14         r.results.bindings.forEach((item) => {
15             console.log("Name: \t" + item.name.value);
16             console.log("LatLng:\t" + item.lat.value + "\t" + item.long.value);
17             console.log("====");
18         });
19     }).catch((error) => {
20         throw error;
21     });
```

このプログラムを実行すると DBpedia の SPARQL エンドポイントへクエリが渡され，Wikipedia の日本語記事からスタジアムに関する記事が，スタジアムの緯度・経度情報とともに返される．出力はコマンドと実行結果 4-1 のようになる．

―――― コマンドと実行結果 4-1 （dbpedia-query-simple.out.txt）――――

```
$ node dbpedia-query-simple.js
Name:   エミレーツ・クラブ・スタジアム
LatLng: 25.7485 55.9281
====
Name:   レッドブル・アレーナ
LatLng: 47.8163 12.9982
====
Name:   セントラル・スタジアム（エカテリンブルク）
LatLng: 56.8325 60.5736
====
Name:   ロコモティフ・スタジアム（タシュケント）
LatLng: 41.3611 69.395
====
Name:   メルボルン・レクタンギュラー・スタジアム
LatLng: -37.8253 144.984
====
Name:   アレナ・ヒムキ
LatLng: 55.8853 37.4542
====
Name:   スタディオヌル・ナツィオナル
LatLng: 44.4372 26.1525
====
Name:   アレーナ・ド・グレミオ
LatLng: -29.9734 -51.1944
====
Name:   アビバ・スタジアム
LatLng: 53.3351 -6.22833
====
```

## 4.3 ジオソーシャルビッグデータの収集

4.2.5 項では Wikipedia から地理情報が付与された記事を検索した．Twitter や Flickr な

どのSNSでも，ユーザが付与した地理情報をもとに検索を行うことができる。このユーザが付与する地理情報はジオタグと呼ばれる。Twitterの場合，つぶやいた場所の緯度・経度あるいはユーザがプロファイルで設定した居住地が，Flickrは写真の撮影位置の緯度・経度がジオタグとして与えられる。また，ジオタグのような地理情報に紐付けられたソーシャルビッグデータのことを，ジオソーシャルビッグデータと呼ぶ。

ソーシャルビッグデータ分析において地理情報は非常に重要なメタデータである。SNSのようなツールにより，私達は地球の反対側の人たちとも，交流を密にすることができる。インターネット時代において，地理的な距離はもはや関係ないということもできる。しかしながら一方で，SNSには，おいしいレストランへ行った，紅葉を見に行った，大学で期末試験を受けたなど，私達の生活のさまざまな状況が投影されている。これらの情報は，私たちの身の回りで実際に起こっている出来事であることが多い。例えばFlickrの写真の撮影位置は，すなわちユーザの居た場所であり，写真の被写体は，そのときにユーザの目の前にあり，そしてユーザが興味を持っていたものだと考えられる。

つまり，ユーザがどこにいて，なにを見て，なにを感じたのかという情報は，ソーシャルデータに投影された私たちの世界を理解するソーシャルビッグデータ分析の第一歩となる。地理情報に紐付けられたソーシャルデータは，ソーシャルデータ全体のごく一部である。莫大な大きさのソーシャルデータのごく一部なので，分析目的によっては，十分に大きな量のデータを得ることができる。本節では，このジオソーシャルデータの収集を学ぼう。

### 4.3.1 ジオタグ付きツイートの収集

ではSearch APIを使って，特定の地域に限定したユーザのツイートのみを収集しよう。Search APIでは，表4.1にあるように，geocodeというパラメータを設定することで，検索対象を特定の地域に限定することができる。

では，渋谷のハチ公像の周りでつぶやかれたツイートを検索してみよう。ハチ公像の緯度・経度は，北緯35.6590789度，東経139.6962405度である。ではここで，ハチ公像を中心に3kmの範囲のツイートを検索対象として検索する。

これまでに学んだことを取り込み，少しプログラムを整理しよう（プログラム4-9）。

───── プログラム4-9 (twitter-search-geo.js) ─────

```
1  const Twitter = require('twitter'),
2      mongoClient = require('mongodb').MongoClient,
3      async = require('async'),
4      apikeys = require(__dirname + '/sns-api-keys.json');
5  const client = new Twitter(apikeys.twitter);
6
7  const url = 'mongodb://localhost:27017',
```

```
 8          dbName = 'sobig',
 9          colName = 'twitter',
10          geocode = '35.659043874914,139.70059168537,3km';
```

プログラムの冒頭には，ライブラリの呼び出し，APIキーの読み込み，そして各種定数の定義がされている．今回のクエリはキーワード（query）と範囲（geocode）を入力にとる．

つぎに，`async.waterfall`を使って，問い合わせのメインルーチンが記述されている（プログラム 4-10）．まず最初の二つのステップで，MongoDBへの接続処理と使用するデータベースとコレクションが指定されている．MongoDBへの接続は実行終了時に切断する必要がある．そこでSIGINTにより，接続が閉じられるようなメッセージハンドラを定義している．

―――――――― プログラム 4-10 (twitter-search-geo.js) ――――――――

```
12  async.waterfall([
13      (callback) => {
14          //接続処理
15          mongoClient.connect(url, callback);
16      },
17      (client, callback) => {
18          //接続後の処理
19          process.on('exit', () => {
20              console.log('データベースの接続を切断して終了します．');
21              client.close();
22          });
23          process.on('SIGINT', () => {
24              console.log('SIGINTを受け取りました．');
25              process.exit(0);
26          });
27          const db = client.db(dbName),
28                col = db.collection(colName);
29          callback(false, col);
30      },
```

Waterfallの3番目のステップは，Twitter APIへの問い合わせとその結果のデータベースへの格納である（プログラム 4-11）．まずデータベースへの格納操作を`insertDB`関数に記述している．この関数は問い合わせ結果のツイートリストとコールバック関数を受け取る．まず`asynceach`により，すべてのツイートから重要なメタデータを抜き出している．`date`はつぶやかれた日時，`id`と`owner`はそれぞれツイートの識別子とユーザの識別子である．この識別子は整数値であるが，ツイートの識別子はJavaScriptで扱える整数値の上限を超えており，安全性のため，文字列（`id_str`）として受け取る．

―――― プログラム 4-11 (twitter-search-geo.js) ――――

```javascript
31      (col, callback) => {
32          //結果をデータベースに格納する
33          const insertDB = (tweets, fin) => {
34              async.each(tweets.statuses, (status, finStatus) => {
35                  //重要な項目のみ抜粋
36                  const item = {
37                      date: new Date(status.created_at),
38                      id: status.id_str,
39                      owner: status.user.id_str,
40                      tweet: status.text,
41                      tags: [],
42                      coordinates: status.coordinates,
43                      place: (status.place != null ? {
44                          id: status.place.id,
45                          full_name: status.place.full_name,
46                          bounding_box: status.place.bounding_box
47                      } : null)
48                  };
49                  status.entities.hashtags.forEach((tag) => {
50                      item.tags.push(tag.text);
51                  });
52                  col.insertOne(item, { w: 1 }).then(() => {
53                      finStatus(null);
54                  }).catch((error) => {
55                      console.log("ERROR:", error.message);
56                      finStatus(null);
57                  });
58              }, (error) => {
59                  fin(error);
60              });
61          }
```

tweet はユーザのツイート全文，そして tags にはそのツイートに含まれるハッシュタグが配列形式で格納される。coordinates はそのツイートにジオタグが付与されている場合，ここに GeoJSON 形式の Point 型で表された地点情報が格納される。place はそのツイートに大まかな場所が付与されている場合，その情報が格納される。例えば，渋谷区が指定されている場合，以下の情報が付与される（**プログラム 4-12**）。

―――― プログラム 4-12 ――――

```
1   {
2       "bounding_box": {
3           "coordinates": [
4               [
5                   [
6                       139.661368,
7                       35.641564
8                   ],
```

```
 9                  [
10                      139.723884,
11                      35.641564
12                  ],
13                  [
14                      139.723884,
15                      35.692138
16                  ],
17                  [
18                      139.661368,
19                      35.692138
20                  ]
21              ]
22          ],
23          "type": "Polygon"
24      },
25      "full_name": "Shibuya-ku, Tokyo",
26      "id": "f7c22e0cf7b3af2b"
27  }
```

さて，データベースの格納処理に続いて，Twitterへの問い合わせ処理を定義する．問い合わせはqueryTwitter関数に記述している（プログラム 4-13）．

──────── プログラム 4-13（twitter-search-geo.js）────────

```
63  //Twitter に問い合わせを行う
64  let count = 100; /* リクエスト当りのツイート取得数 */
65  const queryTwitter = (geo, fin) => {
66      let maxID = '5000000000000000000';
67      let lastNoQ = count;
68      //結果が返ってこなくなるまで時間を遡りつつツイートを取得
69      async.doWhilst(
70          (nextQuery) => {
71              console.log("[Q]", maxID, geo);
72              client.get('search/tweets', {
73                  geocode: geo,
74                  count: count,
75                  max_id: maxID
76              })
77              .then((tweets) => {
78                  console.log(tweets.statuses.length + "件取得");
79                  lastNoQ = tweets.statuses.length;
80                  if (lastNoQ > 0) {
81                      //結果は新しい->古い順
82                      maxID = tweets.statuses[lastNoQ - 1].id_str;
83                      console.log("\tmax = " + maxID);
84                  }
85                  insertDB(tweets, nextQuery);
86              })
87              .catch((error) => {
88                  console.log(error);
```

```
89                    fin(error);
90                });
91        },
92        () => {
93            return lastNoQ == count;
94        },
95        (err) => {
96            fin(err);
97        }
98    );
99 }
100 queryTwitter(geocode, callback);
```

Twitter API の search/tweets は過去 7 日分のツイートの取得ができる。また 1 回の問い合わせで 100 件のツイートが取得できる。検索キーワードにもよるが，一般的な語を用いる場合は 1 週間で 100 件以上のツイートが存在し，すべてを取得するには，複数回の問い合わせを行う必要がある。そのため時系列を遡ってツイートを取得することにしよう。

search/tweets の結果は新しいものから古いものへと順に並んでいる。つまり 100 件取得できたとして，100 件目のツイートが一番古いことになる。また，Twitter では時系列に対して増加する方向で整数値のツイート識別子が付与さている。つまり結果の中で最も古いツイートの識別子よりも小さな識別子を持つツイートは，さらに古いツイートであると判断できる。search/tweets のオプションには，結果に現れるツイートの識別子の最大値を指定するためのオプション（max_id）がある。これに識別子を設定することにより，いま得られた結果よりもさらに古いツイートを取得することができる。

つまり，問い合わせを行いツイートを取得し，その最も古いツイートの識別子を max_id に設定し，もう一度問い合わせを行う。これをツイートがなくなるまで続けることにより，7 日分の全ツイートを取得することができる。この処理の中で insertDB 関数を呼び出すことによって，結果をデータベースに格納している。

プログラム 4-13 は async.doWhilst を用いて繰り返しの問い合わせを実現している。ループの終了条件は，検索結果に現れるツイート数が 100 件ではなくなった時点であり，これは 7 日分のツイートをすべて取得しつくしたことを意味する。

最後に，正常終了かエラー終了か判断してプログラムを終了する。では**プログラム 4-14** を実行してみてほしい。いくつか重複した識別子を持つツイートの格納時に MongoDB のエラーが発生しているのが見えるだろう。これは，max_id に指定した値は，「その識別子以下」という意味を持つため，max_id は含まれてしまう。そのため，各問い合わせには最低でも 1 件の重複を含んでしまう。これを除去するためには max_id に 1 を引いた値を指定することが考えられる。ただし，この識別子は整数であるものの，JavaScript の整数値上限を超えて

いるため，データ型としては文字列で提供されていることを思い出してほしい．文字列を数値に直したうえで計算により重複しない max_id を与えるのがよいか，それとも結果に1件の重複を許す方がよいのか，ここでは検討しないが，実環境においてスループットのよい方を採用すればよい．

――――――――――― プログラム 4-14 (twitter-search-geo.js) ―――――――――――

```
102    ], (error) => {
103        if (error) {
104            console.log("失敗", error);
105        } else {
106            console.log("成功");
107        }
108        process.exit(0);
109    });
```

### 4.3.2 ジオタグ付き写真の収集

さて，Twitter では，過去1週間のツイートのみ検索できるという仕様のもと，また一度に取得できる最大のツイート数が100件という制約の中，最新のものから，1週間前まで遡ってクエリを発行することによって網羅的なクローリングを行った．Flickr でも基本的には同じ方法をとる．

では，先ほど Twitter 用に作った Waterfall と同様に，Flickr からクロールするプログラムを作ろう．Flickr でも，重複する写真がデータベースに入らないように，写真の ID にユニークインデクスを作成するが，さらに，ジオタグやタグの項目にもインデクスを作成して，後々の検索に備えよう．インデクスは大きなデータベースからの検索が非常に高速になる利点があるが，同時に欠点もある．インデクスはデータ本体とは別にメモリやディスク上にツリー構造やハッシュテーブルを保持しておき，検索の際にそれを利用することで，データ全体に対する線形探索を防ぎ，処理を効率化する仕組みである．しかし一方で，データベースのデータ量に比例した記憶スペースが必要となるほか，データの更新があった際にインデクスの更新が必要となり，処理コストがかかってしまうことが欠点となる．ソーシャルデータのクローリングに関していえば，一度集めたデータに対して頻繁な更新や削除は起こらないため，保有するディスクスペースが許せば，必要なインデクスをコレクションに付与することは大きな利点になる（プログラム 4-15）．

――――――――――― プログラム 4-15 (flickr-search-geo.js) ―――――――――――

```
35    (col, callback) => {
36        //データ削除（もしコレクションが空でなければ）
37        col.count({}, {}, (error, result) => {
38            if (error) {
```

```
39              callback(error, col);
40           } else {
41              if (result > 0) {
42                 col.dropIndexes().then(() => {
43                    col.remove({}, { 'w': 1 }).then(() => {
44                       callback(error, col);
45                    }).catch((error) => {
46                       callback(error, col);
47                    });
48                 }).catch((error) => {
49                    callback(error, col);
50                 });
51              } else {
52                 callback(error, col);
53              }
54           }
55        });
56  },
57  (col, callback) => {
58     //コレクションの再構築
59     col.createIndexes([
60        { key: { id: 1 }, unique: true },
61        { key: { geotag: "2dsphere" } },
62        { key: { dateupload: 1 } },
63        { key: { datetaken: 1 } }
64     ], {}, (error) => {
65        callback(error, col);
66     })
67  },
```

このプログラムでは，一度すべてのインデックスを削除した後，全データを消去し，新たにインデックスを追加している．インデックスは id のほか，写真の撮影位置を表している coordinates, アップロード時刻の dateupload, 撮影時刻の datetaken にも作成している．インデックスは "2dsphere" を指定した場合は空間インデックスとなり，MongoDB の持つさまざまな空間問い合わせオペレータを高速に利用できるようになる．

### 4.3.3 OpenStreetMap への問い合わせ

では，いったん Twitter, Flickr のクローラから離れ，本項では，OpenStreetMap のデータを活用する手法について考えよう．営利企業が運営している Twitter や Flickr と異なり，OpenSteetMap は Wikipedia と同じく非営利団体が運営している．そのため，ユーザは OpenStreetMap が持つ地図情報に制限なしにアクセスすることができる．しかしながら，OpenStreetMap は膨大な量の地図情報であり，ダンプファイルとしてダウンロードしても，自前のデータベースへ格納し，検索などのシステムを構築するのはコストがかかる．

Overpass API は OpenStreetMap のデータに対する統一的なデータベース格納法，問い合わせ言語と処理プログラムからなるシステムであり，OpenStreetMap のダンプファイルからデータベースを構築することができる。これは，自前のサーバを構築することも可能であるが，有志により公開サーバ[†]が運営されている。

本書では，この公開サーバを使った OpenStreetMap データへの問い合わせを解説する。ただし，このサーバはボランタリーでの運営であり，負荷をかけるような大量の問い合わせを発行する必要がある場合は，OpenStreetMap のダンプファイルをダウンロードし，自前のサーバを立てるべきである。

さて，Node.js から Overpass API を利用するには以下のライブラリを使用する。

```
$ npm install --save query-overpass
```

使い方は簡単で，わずか数行で，Overpass 用のクエリ言語 Overpass QL を用いた OpenStreetMap への問い合わせが書ける（**プログラム 4-16**）。

―――― プログラム 4-16 (overpass-query-simple.js) ――――

```
1  const query_overpass = require('query-overpass');
2  const q = `[out:json][timeout:60];
3  node["leisure"="stadium"](34.3704,136.2806,37.2913,141.2904);
4  out;
5  `;
6  query_overpass(q, (error, results) => {
7      console.log(JSON.stringify(results, null, "\t"));
8  });
```

Overpass QL は特異な文法体系を持っており，また，仕様も膨大であるためここでは解説しないが，この問い合わせは関東甲信越地方近辺におけるすべてのスタジアムを抽出している。結果は**コマンドと実行結果 4-2** のようになる。

―――― コマンドと実行結果 4-2 (overpass-query-simple.out.txt) ――――

```
$ node overpass-query-simple.js
{
"type": "Feature",
"id": "node/737218336",
"properties": {
"type": "node",
"id": 737218336,
"tags": {
"leisure": "stadium",
"name": "ヤマハスタジアム (Yamaha Stadium)",
"sport": "soccer"
},
"relations": [],
```

---

[†] http://overpass-api.de/ （2018 年 7 月現在）

```
"meta": {}
},
"geometry": {
"type": "Point",
"coordinates": [
137.8753021,
34.7247155
]
}
},
```

　ソーシャルビッグデータ，特にジオソーシャルビッグデータの分析を行う際には，地図データとの統合的な分析は欠かせない。その際に商用のサービスや商用利用に制限のあるサービス以外の選択肢として，OpenStreetMap の活用は非常に有効である。ただし，Wikipedia 同様，すべてのコンテンツはユーザによって作成，更新されるため，情報の信憑性の面では注意が必要である。また，ユーザの多い場所と少ない場所で，地理情報の詳しさが極端に異なっていることも問題となる。

## 4.4　クローラの実装と運用

　さて，これまでに Twitter と Flickr からソーシャルビッグデータを検索，取得するプログラムについて学んできた。最後に，これをクローラとして常時可動させることを考えよう。まず，最も重要なことはアクセス頻度である。Twitter にせよ Flickr にせよ，ライブラリによって Web サービスが隠蔽されているが，SNS へのデータの問い合わせは，すべて RESTful Web サービスへの HTTP リクエストとレスポンスによって成り立っている。例えば Flickr からデータを得るプログラムは，まず空間問い合わせにより写真を 250 件取得した後で，250 件それぞれ EXIF データを取得している。これはすなわち，短期間に 251 件の HTTP コネクションが Flickr のサーバへ張られていることになる。

　このような処理をクローラデーモンとして長時間行う場合，サーバへの負荷や，他のユーザとの公正性の観点から問題となるケースも多い。そのため，サーバ側でアクセス数の制限を設けていることも多い。例えば Twitter の search/tweets では，ユーザ当り 15 分間 180 アクセスを上限としている。つまり，もしクローラを常時実行してデータを得る場合，5 秒に 1 回の問い合わせが限度となる。

　また，API 側で制限のない場合も，時間当りの問い合わせ回数を制御した方が望ましい。プログラムの実装の段階で，予期せぬエラーにより，短時間に大量アクセスを行ってしまうような問題は，これまでにも少なくない頻度で発生している。

　つぎにクローラとして必要な機能についても考えよう。これまでに実装したプログラムは，

例えば Twitter への問い合わせにおいては，ハチ公像から 3 km の範囲で「ハチ公」を含むツイートを取得した。しかしながら，より高度な利用を考えると，例えば当該範囲内にはモヤイ像もあり，では，「ハチ公」と「モヤイ像」のどちらのツイートが多いかというようなトレンド分析を行うために，複数のキーワードに基づいたクローリングを同時に行える方が望ましい。また，加えて「ハチ公」や「モヤイ像」と共起するハッシュタグに関してもクローリングを行うなどの，クローラの動的なクローリング範囲拡張もできれば望ましい。また，コマンドラインから検索キーワードを渡せるようにもしてみよう。

では，これまでに学んだソーシャルメディアへのデータ問い合わせのまとめとして，クローラを実装してみよう。

### 4.4.1 クローラ機能のパッケージ化

〔1〕 コマンドライン引数の取得　　Node.js ではコマンドライン引数は `process.argv` というグローバル変数に格納されている。この変数を介せば，ハードコーディングなしに，さまざまな情報をプログラムに与えることができる。例えば，ソーシャルビッグデータのクローラでは，検索語などでの利用が適しているだろう。コマンドラインからプログラムを呼び出すことに慣れている場合は，Linux でよくある `find . -name '*.js'` のような書き方を適用したいと考えるかもしれない。その場合は POSIX 準拠のコマンドライン引数パーサを利用する。

```
npm install --save posix-argv-parser
```

では，flickr-search-geo.js をもとに，検索範囲（緯度，経度，半径）をコマンドライン引数として与えられるようにしてみよう。まず，プログラムの冒頭でどのようなコマンドライン引数をとるかの定義を行う（**プログラム 4-17**）。

―――――― プログラム 4-17 (flickr-search-geo-argv.js) ――――――

```
 7  const pap = require("posix-argv-parser");
 8  const args = pap.create();
 9  const v = pap.validators;
10  args.createOption(["-y", "--latitude"], {
11      defaultValue: .0,
12      validators: [v.number("Error: ${1} must be a Float.")],
13      transform: (value) => { return parseFloat(value); }
14  });
15  args.createOption(["-x", "--longitude"], {
16      defaultValue: .0,
17      validators: [v.number("Error: ${1} must be a Float.")],
18      transform: (value) => { return parseFloat(value); }
19  });
20  args.createOption(["-r", "--radius"], {
```

## 4.4 クローラの実装と運用

```
21        defaultValue: 0,
22        validators: [v.integer("Error: ${1} must be a Integer.")],
23        transform: (value) => { return parseInt(value, 10); }
24    });
25    args.createOption(["-q", "--query"], {
26        defaultValue: "",
27    });
```

近年の慣例に従い，短いスイッチ（`-y`）と長いスイッチ（`--latitude`）両方を定義している。また，`validators`として入力型をチェックするほか，`transform`にて入力した値の整形を行うことができる。コマンドライン引数はユーザが数値を入力したとしても，文字列として渡されるため，この例では，適切に小数・整数型へ変換している。

入力されたコマンドライン引数は`args.parse`関数を通じて，スイッチをキーとした連想配列（`options`）としてプログラムに渡される。この値をもとに Flickr 写真の問い合わせを行うことにより，ユーザの入力に従った写真のクロールを行うプログラムが実現できる（プログラム 4-18）。

―――――― プログラム 4-18（flickr-search-geo-argv.js）――――――

```
30    (callback) => {
31        args.parse(process.argv.slice(2), (err, options) => {
32            let opt = {
33                url: 'mongodb://localhost:27017',
34                dbName: 'sobig',
35                colName: 'flickr_test'
36            };
37            if (options["--query"].value != "") {
38                opt.query = options["--query"].value;
39            }
40            if (options["--radius"].value !== 0) {
41                opt.lat = options["--latitude"].value;
42                opt.lon = options["--longitude"].value;
43                opt.radius = options["--radius"].value;
44            }
45            callback(err, opt);
46        });
47    },
```

では，実際にコマンドライン引数を用いて，実行時にデータを取得する範囲を指定してみよう。以下のコマンドは米国のカリフォルニア州アナハイムにあるディズニーランドから半径 10 km 圏内で撮影された写真を Flickr から取得するコマンドである。

```
node flickr-search-geo-argv.js -y=33.81065704285 -x=-117.9218500225 -r=10
```

つぎに，Twitter のクローラも twitter-search-geo.js をもとにコマンドライン引数に対応

させよう。なお，Twitterでは検索キーワードもコマンドライン引数として与えられるようにしよう。手順はFlickrの際と同様だが，取得するツイートの言語指定も，ユーザ入力から与えられるようにしている（**プログラム 4-19**）。

——————— プログラム 4-19 (twitter-search-geo-argv.js) ———————

```
10  args.createOption(["-y", "--latitude"], {
11      defaultValue: .0,
12      validators: [v.number("Error: ${1} must be a Float.")],
13      transform: (value) => { return parseFloat(value); }
14  });
15  args.createOption(["-x", "--longitude"], {
16      defaultValue: .0,
17      validators: [v.number("Error: ${1} must be a Float.")],
18      transform: (value) => { return parseFloat(value); }
19  });
20  args.createOption(["-r", "--radius"], {
21      defaultValue: 0,
22      validators: [v.integer("Error: ${1} must be a Integer.")],
23      transform: (value) => { return parseInt(value, 10); }
24  });
25  args.createOption(["-q", "--query"], {
26      defaultValue: "",
27  });
28  args.createOption(["-l", "--lang"], {
29      defaultValue: "en",
30  });
```

〔2〕 **APIコール呼び出し回数の制限**　さて，これで範囲や検索キーワードを与えてクローラを実行させることができるようになった。ただし，このままでは，重大な問題を引き起こす可能性がある。先に述べたように，SNSのAPIコールは多くの場合で時間当りの呼び出し回数制限がある。例えばTwitterの`search/tweets`はユーザごとに15分当り180回のAPIコールを上限としている。すなわち平均して5秒に1回のコールを上回るとこの上限を超え，以後，一定時間通信が遮断されてしまう。つまり，APIコールを5秒に1回に制限する必要がある。

　もともとのプログラムでは，APIコールが帰ってきて，それをMongoDBへ格納した後に，つぎのAPIコールを行っている。APIコールは通信環境に依存するが，大抵1秒以下で実行される。つまり，つぎのAPIコールをただちに呼んでしまうと制限値を超えてしまうことになる。これを5秒ごとにする必要がある。例えばAPIコールが1秒で終わった場合，4秒待ってつぎのAPIコールを呼び出さなければならないということである。JavaScriptは非同期実行が前提のため，プログラムを一定時間停止する`sleep()`関数のようなものは存在しない。そのような目的には，非同期実行関数を一定時間後に呼び出す`setTimeout()`を用い

る。プログラム 4-20 のコードは，API コールの時刻を計測しておき（変数 tick），5 秒からその時間を差し引いたものを setTimeout() に渡している。これにより 5 秒に 1 回の API コールを実現している。

———————— プログラム 4-20 (twitter-search-geo-argv.js) ————————

```
177  let wait = 5000 - (Date.now() - tick);
178  //console.log("\twait=" + wait);
179  setTimeout(async.apply(insertDB, tweets, (err) => {
180      tick = Date.now();
181      nextQuery(err);
182  }), wait);
```

### 4.4.2　さらに高度な実装のために

さて，これである程度実用的なクローラが実装できた．しかしながら効率的なクローリングをするには，いくつか実装を検討すべき機能がある．一つは，複数問い合わせを同時に扱えるようにすることである．これまでに実装したプログラムは一度に一つのクエリ（地理範囲，検索キーワード）しか処理できない．しかしながら，実際のソーシャルビッグデータ分析においては，複数のクエリで集めたデータを比較するというようなシナリオも多く，地球上の複数の場所，あるいはさまざまなキーワードによる検索を同時に実行する必要がある．

それにはクエリの投入と，クローリングを別のプロセスで行い，ユーザが任意のタイミングで任意の数のクエリを実行することができるようにする設計が望ましい．そのほか，クローリングを行うには実装上のさまざまな工夫が考えられる．クローリングに関して本書ではこれ以上の説明は行わないが，ぜひとも本書で紹介した技術をもとに，より汎用的な，あるいは専門的なクローラの実装を目指してほしい．

# 5 データを可視化する

## 5.1 可視化ライブラリのインストール

　これまでにソーシャルデータについて十分な知識を得て，それを収集しデータベースへ格納するプログラムをフルスタック JavaScript にて実装してきた。MongoDB データベースは JSON 形式のデータを蓄積するドキュメント指向データベースであり，JavaScript を問い合わせ言語として採用している。クローラを実装した Node.js はサーバサイドの JavaScript 実行環境である。

　図 4.1 で示した CASAP サイクルに立ち戻って考えてみよう。収集（crawl）は文字通りクローラのことで Node.js 環境で実行される。蓄積（accumulate）は MongoDB に蓄積される JSON 形式のソーシャルビッグデータを指す。また，検索（search）は JavaScript で処理が定義される MongoDB への問い合わせを意味する。残るステップは分析（analyze）と公開（publish）である。

　この二つのうち，公開を先に本章で説明する。CASAP サイクルにおける公開とは，すなわち，分析で得られた結果を人が理解できる形にすることである。ビッグデータはバズワードの一種であり，その大きさについて明確な定義があるわけではない。しかしながら「人の目では全貌が理解できないほどの大きなデータ」という説明に異論はないだろう。そう考えると，ビッグデータあるいはその分析結果を単に画面に表示する，もしくは印刷するだけでは，公開することにならない。人の目では全貌を理解できないほどの大きなデータを一目見て理解できるよう可視化することが公開フェーズの最も重要な要件である。

　データを公開するための技術基盤になにを選ぶかは，データベースやサーバサイド環境よりも迷わないだろう。データベースの選定においては，歴史もシェアもある関係データベースが，本書で利用している MongoDB に対する強力なコンペティタとなるだろう。また，サーバサイド環境は百花繚乱の様相で，PHP のような Web アプリケーション実装に特化している言語，プログラマ人口の多い C 系や Java，あるいはデータサイエンス系のライブラリを多

く持つ Python や R 言語，Twitter 社の利用なども話題となった Scala など，さまざまな選択肢がある。しかしながら，可視化のためのユーザインタフェースは，Web ブラウザの利用が，最も汎用的かつ強力な選択肢ではないだろうか。そしてその Web ブラウザと最も親和性の高いプログラミング言語はいうまでもなく JavaScript である。

本書でこれまでに紹介した実装例は，データベース，Web サーバ，Web ブラウザという典型的な Web 3 層アーキテクチャに基づいている。これはかつて Linux (OS), Apache (Web サーバ), MySQL (データベース), Perl もしくは PHP (サーバサイドスクリプト) の頭文字から LAMP と呼ばれていた環境である。それを実現するには少なくとも SQL と PHP, JavaScript という三つの言語を習得する必要があった。それに対し，本書では，JavaScript のみで 3 層すべてのレイヤのプログラムを書くことができる。前述したように，この環境はフルスタック JavaScript と呼ばれ，Web アプリケーションの新しい潮流として注目されている。

さて，本章では，ブラウザ上でソーシャルビッグデータを可視化する手法について学んでいこう。可視化の最も重要なファクタは，デザインセンスである。とはいうものの，デザインセンスはなかなか一朝一夕で身に着くものではない。まずは見やすい可視化を行うための重要なライブラリを 2 点紹介する。

### 5.1.1 チャート描画

チャート描画とはグラフ描画のことだが，コンピュータサイエンスにおいては，ノードとエッジで構成されたネットワークのことをグラフと呼ぶので，混同を避けるため，本書ではチャート描画と呼ぶ。

Web ブラウザ上での情報可視化において，最も強力なツールは D3.js[†1]であろう。D3.js はビッグデータの可視化にもよく用いられている。ただし，D3.js は可視化に関する汎用のライブラリであり，これを用いてチャート描画を行うには，描画ルーチンを自分で実装する必要がある。アート作品のようなデータ可視化プロジェクトにおいてしばしば利用されている D3.js だが，手持ちのデータをなるべく手間をかけずに散布図に描くというような用途で利用するのは敷居が高い。

そこで，チャート描画に特化したライブラリを利用する。これまでに R 言語などのデータ分析ツールを利用したことがあれば gnuplot[†2]などを利用したことがあるかもしれない。ただし，Web ブラウザ上で扱うには，画像か非常に機能が限られた HTML ファイルで書き出したものを静的に扱うしかなく，インタラクティブな可視化は望めない。Python において

---

[†1] https://d3js.org/ (2018 年 7 月現在)
[†2] http://www.gnuplot.info/ (2018 年 7 月現在)

よく利用される matplotlib[†1] も基本的には同様である．グラフ描画をサーバ上で行い，静的なチャートを Web ブラウザへ転送して描画する．

それに対して，JavaScript に対応したチャート描画ライブラリは，サーバから Web ブラウザへ，チャートではなくデータを送る．そして，そのデータに基づいて Web ブラウザ上でチャートを描画する．この仕組みにより，ユーザの操作に基づいたチャートの動的な更新など，高度なインタラクティブ性を持つ．JavaScript ベースのチャート描画ライブラリの代表的なものを以下に挙げる．

- Google Chart API[†2]
- Chart.js[†3]
- plotly.js[†4]
- Highcharts.js[†5]

これらのライブラリのうち本書では Highcharts.js を使う．Highcharts.js はさまざまな種類の高度にデザインされたチャートをブラウザ上で簡単に描画できるライブラリである．商用利用は有償であるが，非商用の個人利用は Creative Commons（CC BY-NC 3.0）[†6] のライセンスのもとで無償利用できる．

Highcharts.js を利用するのにインストールの必要はない．Web ブラウザ上で利用する多くのライブラリがそうであるが，HTML からライブラリの JavaScript ファイルを参照するタグを書くだけで利用できる．具体的には以下の 1 行を HTML ファイルに加えればよい．

```
<script src="https://code.highcharts.com/highcharts.js"></script>
```

そのほか，利用する機能に応じて必要な JavaScript ファイル[†7] を追加で読み込む．

### 5.1.2 カラーパレット

可視化に限ったことではないが，Web アプリケーションを実装する際に，デザイン性と機能性の両立というのはつねに課題となる．私たちは大抵，デザインに精通していないプログラマか，プログラミングに精通していないデザイナーのどちらかである．本書はプログラミングの実践的な書籍であり，読者がプログラミングのスキルを持っていることを想定している．

では，なにか大きなデータのクラスタリング結果を可視化するときに，各クラスタをどのように区別して表示すればよいかを考えてみよう．そのようなケースでは，クラスタごとに

---

[†1] https://matplotlib.org/ （2018 年 7 月現在）
[†2] https://developers.google.com/chart/ （2018 年 7 月現在）
[†3] https://www.chartjs.org/ （2018 年 7 月現在）
[†4] https://plot.ly/plotly-js-scientific-d3-charting-library/ （2018 年 7 月現在）
[†5] https://www.highcharts.com/ （2018 年 7 月現在）
[†6] http://creativecommons.org/licenses/by-nc/3.0/ （2018 年 7 月現在）
[†7] https://code.highcharts.com/ （2018 年 7 月現在）

色を変えて表示することが一般的であろう。では，三つのクラスタを3色に塗り分けるとして，各クラスタに何色を割り当てたら綺麗に見えるだろうか。単純に考えて赤，緑，青に塗り分ければ見分けがつきやすいかもしれない。でも青にもさまざまな色がある。HTMLでは光の3原色である赤，緑，青（RGB）の強さで色を指定することができる。では最も強い青であるRGB(0, 0, 255)は果たして綺麗な色だろうか。

このような原色を多用すると，大昔の8ビットパソコンのような発色となり，フルカラーに慣れたユーザの目を楽しませることはできない。そのようなときに，綺麗な色を自動で生成してくれるカラーパレットを利用すると，色やデザインに関する知識がなくとも，指定した色数で洗練された色リストを生成することができる。代表的なライブラリであるGoogle palette.js[1]を紹介する。

Google palette.jsはユーザが指定した任意の数の色リストを返す関数を持っている。色リストはいくつかのテーマがあり，虹色に基づいたパレットや，Paul Tolのパレット[2]，与えられた色数の中で色の違いを最大化するパレット（mpn65）などを利用することができる。例えばmpn64のテーマで20色のパレットを生成するコードはつぎのようになる。

```
const colors = palette('mpn65', 20)
```

## 5.2 ソーシャルデータ分析可視化環境の準備

### 5.2.1 プログラムのインストール

では，これまでに学んできた技術を総動員して，クロールしたソーシャルデータを可視化分析するツールを実装しよう。まず，基本となるインタフェースはWebSocketによるチャットをベースとしよう。チャットは，ユーザからの入力をサーバへ送り，データベースへの格納，検索を経て，Webブラウザ上に表示する機能を有している。これは，ユーザインタラクションの基本形であり，チャットだけでなく，あらゆるユーザインタラクションを有するアプリケーションに応用できる。

では，はじめにinstall-sobig.shを実行してほしい。本章および6章で利用するライブラリなどが一括でインストールされる。なお，まだ説明をしていないライブラリも含まれているが，まずはインストールをしてほしい。

ソーシャルデータ分析可視環境はWeb 3層アーキテクチャとして実装する。データベースはすでにインストールしたMongoDBを利用する。サーバサイドのNode.js用プログラムはsobig-server.js，Webブラウザ上のプログラムはsobig-client.htmlである。この二つのファ

---

[1] https://github.com/google/palette.js（2018年7月現在）
[2] https://personal.sron.nl/~pault/（2018年7月現在）

イルはともに example ディレクトリにあるので，作業用ディレクトリにコピーしよう．また，可視化，分析の実行ルーチンは example/algorithms ディレクトリにあるので，そのディレクトリも作業ディレクトリへコピーする．

```
cp example/sobig-*.* .
cp -R example/algorithms .
```

sobig-server.js は，チャットプログラムと同様に，起動すると Web サーバ（port = 8080）と WebSocket サーバ（port = 8081）を立ち上げる．任意の Web ブラウザ上で http://localhost:8080/ とすれば，sobig-client.html が送られ，Web ブラウザに表示される．sobig-client.html はすぐさまサーバと WebSocket のコネクションを貼り，ブラウザとサーバの通信を担う．

sobig-client.html は最上部にフォームが並んでいるシンプルなページである．フォームはドロップダウンメニューが二つ，テキストフィールドが三つ，ボタンが一つからなっており，左からデータセットの選択，アルゴリズムの選択，BBOX（地理的矩形領域）の指定，検索キーワードの指定，アルゴリズムへ渡すオプションの指定となっている．では 5.2.2 項からこのプログラムを用いて，ソーシャルビッグデータの可視化と分析を行っていこう．

### 5.2.2 分析対象ソーシャルデータのクロール

4 章で Flickr と Twitter 両方に対するクローラを実装した．そのクローラを使って，まずデータを収集しよう．Flickr から地理情報（ジオタグ）を有するデータ，Twitter からは特定のキーワードを有するデータを集める．

```
node flickr-search-geo-argv.js -y=33.81065704285 -x=-117.9218500225 -r=10
node twitter-search-geo-argv.js -q=football
```

まず Flickr だが，北緯 33.8 度，西経 117.9 度付近，半径 10 km の範囲で撮影された写真をクロールする．この場所は米国カリフォルニア州アナハイムで，ディズニーランドの所在地である．Twitter は football が含まれたツイートを集める．Twitter API は無料利用の場合は直近の 7 日分のツイートしか集められないので，数が少ない場合は別のキーワードでもよい．Flickr の写真は 1 万件程度集めてほしい．以後の説明，および分析に関わるパラメータは，データ数に応じて最適値が異なってくる．もし，説明通りに行ってもうまくいかない場合は，データ数かパラメータを調整してほしい．

## 5.3 散 布 図

ソーシャルデータに限らず，例えばマイクロソフトの Excel などにおいても，最も多用す

るチャートは散布図ではないだろうか．では，Flickr の写真に付与された EXIF メタデータを使って散布図を書いてみよう．

散布図は相関関係がありそうな二つあるいは三つの事象を可視化するのに適している．ではここで，写真の露光時間（`ExposureTime`）と F 値（`FNumber`）の関係を見てみよう．F 値とは，レンズに付いている絞りの開度のことで，値が小さければ小さいほど絞りが開いており，すなわち写真により多くの光を取り込むことができる．そして，取り込む光が多ければ多いほど，露光時間を短くすることができる．この二つの数値は環境光の大きさと，CCD の感度（ISO 感度）に依存するものの，たがいに関係のあるファクタであるといえる．

では，データセットに Flickr，アルゴリズムに 00_photoStat.js を選び実行してみよう．このプログラムは Highcharts.js を利用して散布図を描画する．実行すると少しの処理時間の後，ブラウザに散布図が表示される．クロールしたデータによって図に違いは出るものの，以下のような散布図（**図 5.1**）が描けたのではないだろうか．これは，見やすくするために ISO 感度 100 以下の写真に限って表示している．

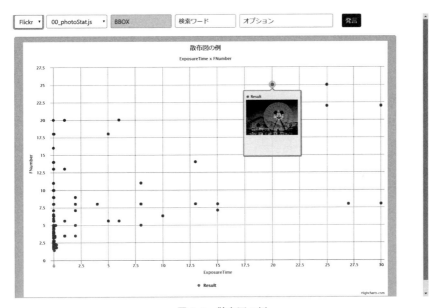

図 5.1　散布図の例

$x$-$y$ 軸と ISO 感度の表示条件はオプション欄に JSON 形式で表示されている．これを変更して実行することもできる．例えば $x$ 軸を ISO 感度，$y$ 軸を F 値，表示する ISO 感度を 800 以下としたい場合は，オプション欄をつぎのようにする．

```
{
    "x":"ISO",
    "y":"FNumber",
    "filter":[["$ISO","<=",800]],
```

```
    "regression":false
}
```

アルゴリズム欄で選択した 00_photoStat.js は algorithms ディレクトリ内にある Node.js のモジュールファイルで，sobig-server.js はこのディレクトリにあるファイルを自動で読み込み，sobig-client.html 上でユーザが選べるようにしている。もし，読者自身で新しい機能を追加したければ，同様のファイルをこのディレクトリへ追加すればよい。なおこのディレクトリには Python ファイルもあるが，それらは 6 章で利用するプログラムである。

## 5.4 ワードクラウド

数値データの可視化は散布図との親和性があるが，自然言語の可視化はどうだろうか。例えばツイートは短いが文章である。集めたツイートの中で，たくさん使われている単語を可視化すれば，いま流行しているキーワードなどがわかるかもしれない。単に単語の出現回数のリストを出してもよいが，ワードクラウドとして可視化すると，語の出現度合いを直感的に理解することができる。このワードクラウドも Highcharts.js の機能を使って描画できる。ではアルゴリズム欄で 01_wordCloud.js を選択して，実行してみよう。集めたツイートで使われた単語の出現回数に比例してフォントの大きさが決まっている。これにより，直感的によく使われている語がわかる。結果を図 5.2 に示す。なお，このプログラムは Flickr データセットにも対応している。

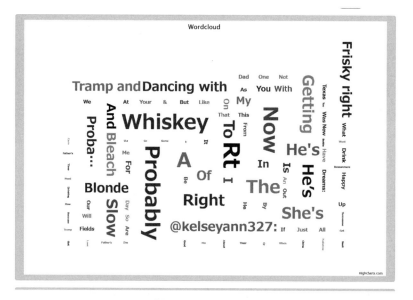

図 5.2　ワードクラウドの例

## 5.4 ワードクラウド

では 01_wordCloud.js を見てみよう．このモジュールは q, opt, docs, callback を引数にとる．このモジュールが呼ばれる前に，ユーザの与えたキーワード q に基づいてデータベースから検索され，ツイートあるいは写真のメタデータのリストが docs として与えられている．opt はアルゴリズムに与える引数だが，本書で紹介するプログラムでは，指定していない場合はデフォルトの値が割り当てられる．このモジュールでは opt.top という引数をとることができる．これは，ワードクラウドに表示する単語の数を指定するためのもので，デフォルト値は 100 である．100 が指定された場合は，出現回数順に 100 位まで表示するということを意味している（プログラム 5-1）．

プログラム 5-1 (algorithms/01_wordCloud.js)

```
1   const async = require('async');
2   module.exports = (q, opt, docs, callback) => {
3     opt.top = opt.top ? opt.top : 100;
4     let result = {};
5     let result2 = [];
6     async.each(docs, (p, cbP) => {
7       let text;
8       if (p.tweet) {
9         //Twitter
10        text = p.tweet.split(/\s+/);
11      } else {
12        //Flickr
13        text = p.tags;
14      }
15      text.forEach((word) => {
16        word = word.replace(/[\,\.]$/, ''); // 末尾のピリオドを削除
17        word = word.replace(''', "'"); // アポストロフィを統一
18        word = word.charAt(0).toUpperCase() + word.substring(1).toLowerCase();
19        if (!result[word]) {
20          result[word] = {
21            name: word,
22            weight: 0
23          };
24        }
25        result[word].weight++;
26      });
27      async.setImmediate(cbP, null);
28    }, (err) => {
29      Object.keys(result).forEach((word) => {
30        result2.push(result[word]);
31      });
32      result2.sort((a, b) => {
33        return b.weight - a.weight;
34      });
35      callback(null, {
36        'type': 'wordCloud',
37        'result': result2.slice(0, opt.top),
```

```
38                'q': q,
39                'opt': opt
40            });
41        });
42    }
```

19〜25 行目で，Highchats.js でワードクラウドを描画するためのデータセットを生成している．このデータセットは語とその後の出現回数の配列である．`callback()` 関数は続く可視化フェーズへ進むための関数である．`callback()` 関数は，ユーザの入力や処理結果のほか，可視化手法を 36 行目（'`type`' = '`wordCloud`'）で指定する．可視化フェーズでは，この値に基づいて，`result` に格納された処理結果をワードクラウドで表示する．

では，ワードクラウドを表示するためのコードも見てみよう．可視化は sobig-client.html 内で行う．まず，結果のコンテナとなる `<div>` 領域を追加する（プログラム 5-2）．

──────── プログラム 5-2（sobig-client.html）────────

```
103    case 'wordCloud':
104        mapdiv = $('<div>', {
105            id: 'wc_' + ID,
106            style: 'height:90vh;'
107        }).appendTo(div);
108        break;
```

つぎにその領域に対して，ワードクラウドを描画している．01_wordCloud.js のコールバック関数に渡した処理結果は，sobig-client.html では `opt.result` 変数に格納されている．これはサーバ上で Highcharts.js の入力形式にすでに整形しているため，そのまま渡すだけでワードクラウドが描画できる（プログラム 5-3）．

──────── プログラム 5-3（sobig-client.html）────────

```
242    case 'wordCloud':
243        Highcharts.seriesTypes.wordcloud.prototype.deriveFontSize
            = function(relativeWeight) {
244            var maxFontSize = 50;
245            return Math.floor(maxFontSize * Math.sqrt(relativeWeight));
246        };
247        Highcharts.chart('wc_' + ID, {
248            series: [{
249                type: 'wordcloud',
250                plotOptions: {
251                    series: {
252                        turboThreshold: 0
253                    }
254                },
255                data: envelope.result,
256                name: 'Occurrences'
257            }],
```

```
258            title: {
259                text: 'WordCloud'
260            }
261        });
262        break;
```

## 5.5 地図描画

つぎに地図を使った可視化を考える。まずは Flickr のジオタグ付き写真の，撮影位置の傾向を掴むために，地図上に撮影位置をマークしていこう。また地図は OpenStreetMap を Leaflet で表示させよう。Leaflet にはマーカーという地図上にピンで場所を示す機能がある。ただし，万の桁のマーカーを表示すると，地図がほとんど見えなくなってしまうため，近くのマーカーをまとめて一つのマーカーとして表示するマーカクラスタを使って可視化してみよう。データセットは Flickr，アルゴリズムは 02_getAll.js を選ぶ。さらに BBOX の灰色のテキストフィールドをクリックして，今回写真を集めたディズニーランドの付近を矩形で選択する。なお，デフォルトでその範囲を指しているはずである。結果を図 5.3 に示す。

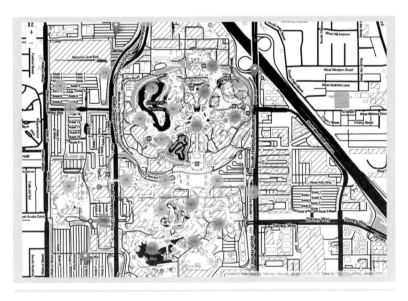

図 5.3 マーカクラスタの例

ではコードを見てみよう。Leaflet 上でマーカクラスタを表示する拡張機能を使っている。マーカクラスタは設定なしで利用できるが，アイコンをクリックすると，その場所で撮影された実際の写真が Tooltip として表示される機能（186～190 行目）を追加している（プログラム 5-4）。

プログラム 5-4 (sobig-client.html)

```
181    case 'map':
182        rMap = L.map('map_' + ID).setView([51.505, -0.09], 13);
183        rLayer = new L.StamenTileLayer("toner").addTo(rMap);
184        rMarkers = L.markerClusterGroup();
185        envelope.result.forEach((doc) => {
186            let pop = '<a href="' + doc.url + '">Link</a>';
187            if (doc.url.endsWith('.jpg')) {
188                pop = '<img width="200" src="' + doc.url + '">';
189            }
190            rMarkers.addLayer(L.marker([doc.geotag.coordinates[1],
                   doc.geotag.coordinates[0]]).bindPopup(pop));
191        });
192        rMap.addLayer(rMarkers);
193        rMap.fitBounds([
194            [envelope.q.bbox[1], envelope.q.bbox[0]],
195            [envelope.q.bbox[3], envelope.q.bbox[2]]
196        ]);
197        break;
```

## 5.6 ヒートマップ

5.5 節と同様な地理空間上に分散するビッグデータの地理的な偏りを見つける別の可視化手法としてヒートマップがある．文字通り暑い場所と寒い場所を色のグラデーションで表す可視化手法で，サーモカメラのように，実際に温度を可視化に用いられるほか，データの空間上の偏りを見つけるための汎用的な可視化手法としても利用される．では，同じくディズニーランド周辺で撮られた写真を使い，写真がたくさん撮影されている場所を赤く，そうではない箇所を緑，青，透明で描画する．アルゴリズムは 02_getAll.js のままだが，オプション欄に {"map":"heat"} と指定することで，結果がヒートマップとして表示される（図 5.4）．

このように，メインストリートや主要アトラクション周辺で写真が撮影されていることがわかる．ヒートマップはマーカクラスタのようなアイコン表示ではないため，個々の写真を選んで見ることはできないが，一方で分布傾向を一目で理解できるという利点もある．ではコードを見てみよう．ここでは Leaflet 上でヒートマップを描く拡張機能[†]を利用している（プログラム 5-5）．

プログラム 5-5 (sobig-client.html)

```
198    case 'heat':
199        let data = [];
200        envelope.result.forEach((doc) => {
```

[†] https://github.com/Leaflet/Leaflet.heat （2018 年 7 月現在）

```
201          data.push([doc.geotag.coordinates[1], doc.geotag.coordinates[0], 1]);
202     });
203     rMap = L.map('map_' + ID).setView([51.505, -0.09], 13);
204     rLayer = new L.StamenTileLayer("toner").addTo(rMap);
205     var heat = L.heatLayer(data, {
206         radius: 15
207     }).addTo(rMap);
208     rMap.fitBounds([
209         [envelope.q.bbox[1], envelope.q.bbox[0]],
210         [envelope.q.bbox[3], envelope.q.bbox[2]]
211     ]);
212     break;
```

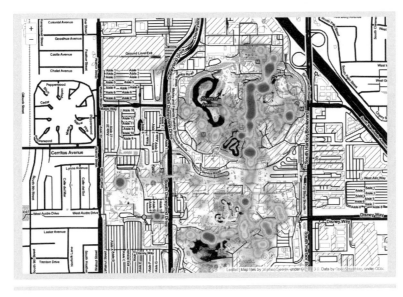

図 5.4　ヒートマップの例

　ヒートマップは可視化の成否に関わる重要な設定項目がある。それは radius である。radius は地図上にマップされた一つのデータの影響範囲のことで，これが狭ければ，非常にまばらなヒートマップになってしまうが，値が大きすぎると地図全体が赤く染まることになる。最適な値はデータ数とデータ密度に依存するため，実際にヒートマップを見つつ正しい値を見つけなければならない。

　さて，データを単純に可視化するだけでも，さまざまなことが見えてくることがわかっただろうか。6 章では，本書の前半で紹介したさまざまな分析アルゴリズムを用いて，ソーシャルデータに対する高度な分析を行ってみよう。

# 6 データを分析する

## 6.1 準　　　備

　本書はフルスタック JavaScript をキーワードとして，Web 3 層アーキテクチャによるソーシャルデータ分析を JavaScript のみで実装している．しかしながら，プログラミング言語には，それぞれ特徴と得意とする分野がある．現在，データサイエンスの文脈でよく用いられているプログラミング言語は Python である．機械学習，ディープラーニングなどのライブラリがいち早く対応することを考えても，Python を使ったデータ分析は利点が多い．そこで，本書で実装を進めている JavaScript による Web 3 層アーキテクチャから Python のプログラムを呼び出して利用することを考えたい．そこで，本章では，同じアルゴリズムを JavaScript と Python の双方で実装することで二つの処理の違いを示し，Python と JavaScript を組み合わせる方法を学ぶ．

　本書の前半ではさまざまなデータ分析技術を学んだ．もちろんそれらのアルゴリズムを自ら実装することも可能だろうが，ここでは説明を単純化するため，このアルゴリズムは既存のライブラリを利用する．まず JavaScript だが，Node.js に turf というモジュールがある．turf は厳密にはデータ分析のためのライブラリではなく，時空間データ処理のためのライブラリであるが，ソーシャルデータ分析でよく用いられる k-means と DBSCAN を有している．また線形回帰を行うためのライブラリ regression，および Node.js から Python を呼び出す Python shell もインストールしよう（コマンド 6-1）．これらのインストールは 5.2 節で説明した install-sobig.sh で行っている．

―― コマンド 6-1（install-sobig.sh）――

```
# 地理空間データ処理ライブラリ turf のインストール
npm install --save @turf/turf

# Regression Line の算出用ライブラリ
npm install --save regression
```

```
# nodejs から Python を呼び出すライブラリ
npm install --save python-shell
```

つぎに Python をインストールする。Python3.6 と Python の機械学習関連のライブラリである scikit-learn とその関連モジュール，Python で GeoJSON 形式のデータを扱うための GeoJSON モジュールをインストールしよう（コマンド 6-2）。

―――――― コマンド 6-2（install-sobig.sh）――――――

```
# Python3.6 のインストール
sudo add-apt-repository ppa:jonathonf/python-3.6
sudo apt-get update
sudo apt-get install python3.6
wget https://bootstrap.pypa.io/get-pip.py
sudo python3.6 get-pip.py

# 機械学習ライブラリ scikit-learn と関連ライブラリのインストール
sudo pip install numpy
sudo pip install scipy
sudo pip install scikit-learn

# Python 用 GeoJSON ライブラリのインストール
sudo pip install geojson
```

では 6.2 節より，ソーシャルビッグデータに対して，さまざまな分析アルゴリズムを適用していこう。

## 6.2 線形回帰

まず 5.3 節で作った散布図に回帰直線を加えてみよう。回帰とは複数の変数間の相関を示し，この例では露光時間と F 値の関係性を線形で表すことができる。仮説としては，F 値が小さければ小さいほど，CCD/CMOS センサに入る光の量が多くなり，その結果として露光時間が短くなると考えられる。では結果を見てみよう。オプション欄に {"regression":true} と設定することで散布図に回帰直線を描くことができる。まず結果の散布図を見てみよう（図 6.1）。

回帰直線を計算するコードは 00_photoStat.js にある（プログラム 6-1）。36 行目で散布図のデータ series に対して回帰直線を計算している。回帰直線は $y = ax + b$ で表され，傾き $a$ が gradient，$y$ 軸との交点 $b$ が yIntercept に格納される。

―――――― プログラム 6-1（algorithms/00_photoStat.js）――――――

```
35  if (opt.regression !== false) {
36      const line = regression.linear(series);
37      opt.regression = {
38          gradient: line.equation[0],
```

```
39          yIntercept: line.equation[1]
40      }
41  }
```

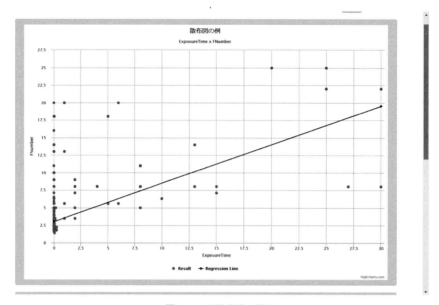

図 6.1　回帰直線の描画

これを Highchart.js で散布図上に描画するには，`type:"line"` を用いる。直線の始点と終点を与える必要があるため，$y$ 軸との交点を始点として，$x$ 軸の最大値における $y$ 座標を求め，それを終点としている（プログラム 6-2）。

──────── プログラム 6-2（sobig-client.html）────────

```
365  myData.push({
366      type: 'line',
367      name: 'Regression Line',
368      data: [
369          [0, envelope.opt.regression.yIntercept],
370          [maxX, (maxX * envelope.opt.regression.gradient)
                 + envelope.opt.regression.yIntercept]
371      ]
372  });
```

改めて回帰直線を見てほしい。この例では正の傾きの線を引くことができた。すなわち，絞りの値が大きいほど，露光時間が長くなるという仮説に対して，データからその相関関係を見ることができたといえる。なお，ここで利用した regression モジュールでは線形回帰だけでなく，さまざまな近似が行えるほか，相関の強さを示す決定係数なども算出できる。

## 6.3　k-means

では，ここからは同じアルゴリズムを JavaScript と Python の両方で実装する例を示す。k-means は，データ群をユーザが与える任意の数 $k$ 個のクラスタに分ける手法である。これを Flickr データセットのジオタグに対して適用してみよう。期待通りに動作すれば，写真の撮影位置の塊に基づいたクラスタが生成されるはずである。

ではまず JavaScript のコードを見てみよう（プログラム 6-3）。

────── プログラム 6-3（algorithms/10_kmeansGeo.js）──────

```javascript
var turf = require('@turf/turf');

module.exports = (q, opt, docs, callback) => {
    opt.k = opt.k ? opt.k : 4;
    let points = [];
    docs.forEach((p) => {
        if (p.geotag != null) {
            points.push(turf.point([p.geotag.coordinates[0],
                p.geotag.coordinates[1]],
                { url: p.url, tags: p.tags, geotag: p.geotag }));
        }
    });
    let clustered = turf.clustersKmeans(turf.featureCollection(points),
        { numberOfClusters: opt.k });
    let result = {};
    clustered.features.forEach((p) => {
        if (!result[p.properties.cluster]) {
            result[p.properties.cluster] = turf.featureCollection([]);
        }
        result[p.properties.cluster].features.push(p);
    });
    callback(null, {
        'type': 'map-clustered',
        'result': result,
        'q': q,
        'opt': opt
    });
}
```

turf は JavaScript の地理データ処理のためのライブラリであり，扱うデータ形式として GeoJSON を利用しているところが特徴的である。k-means などのクラスタリングも同様で，入力は GeoJSON で地理情報のリストを表す Feature Collection 型である（11 行目）。結果に現れるクラスタ数 $k$ は `numberOfClusters` として渡され，これはオプション欄から指定できるようにしてある。この $k$ の値がどのように結果に影響を与えるか確かめてみよう。

つぎに同じ k-means アルゴリズムを Python の scikit-learn ライブラリを利用して実装してみよう（プログラム 6-4）。

―――― プログラム 6-4（algorithms/10_kmeansGeo.py）――――

```
1   import sys
2   import json
3   import numpy as np
4   from sklearn.cluster import KMeans
5   import geojson
6
7   inpt = sys.stdin.readline()
8   inpt = json.loads(inpt)
9   docs = inpt["docs"]
10  q = inpt["q"]
11  opt = inpt["opt"]
12
13  if "k" not in opt:
14      opt["k"] = 4
15
16  lat = []
17  lon = []
18  for doc in docs:
19      if(doc["geotag"] is not None):
20          lat.append(doc["geotag"]["coordinates"][1])
21          lon.append(doc["geotag"]["coordinates"][0])
22
23  source = np.array([lat,lon])
24  source = source.T
25  result = KMeans(n_clusters=opt["k"]).fit_predict(source)
26
27  result2 = {}
28  for idx, cluster in enumerate(result):
29      if str(cluster) not in result2:
30          result2[str(cluster)] = []
31      result2[str(cluster)].append(geojson.Feature(geometry=geojson.Point((docs[idx]
        ["geotag"]["coordinates"][0],docs[idx]["geotag"]["coordinates"][1])),
        properties={"cluster":int(cluster),"url":docs[idx]["url"],
        "tags":docs[idx]["tags"], "geotag":docs[idx]["geotag"]}))
32
33  for idx, features in result2.items():
34      result2[idx] = geojson.FeatureCollection(features)
35
36  rtn = {"type":"map-clustered", "result":result2, "q":q, "opt":opt}
37  print(geojson.dumps(rtn))
38
39  sys.exit(0)
```

JavaScript のプログラムは Node.js のモジュールを用いて実装しており，require() で読み込んだ後は通常の関数として呼び出すことができる。一方で Python プログラムの呼び

出しは，**プログラム 6-5** に示すようにコマンドを指定して，標準入力にデータを渡し，処理結果を標準出力からとるようにする。Python も JSON 形式のデータを扱うことができるため，処理の呼び出し方の違いはあるものの，入出力ともに同じスキーマの JSON を用いることにより，データ処理のためのプログラミング言語が JavaScript であるか Python であるかを気にせずに，両者をシームレスに結合することができる。

―――――――――――――― プログラム **6-5** (sobig-server.js) ――――――――――――――

```
87   let output = "";
88   let pyshell = new PythonShell(file, { pythonPath: pythonCmd, scriptPath: '/' });
89   pyshell.send(JSON.stringify({ 'q': q, 'opt': opt, 'docs': docs }));
90   pyshell.on('message', (message) => {
91       // received a message sent from the Python script (a simple "print" statement)
92       output += message;
93   });
94   pyshell.on('error', function(err) {
95       throw err
96   });
97   pyshell.end((err, code, signal) => {
98       // received a message sent from the Python script (a simple "print" statement)
99       let rtn = JSON.parse(output);
100      callback(err, rtn);
101  });
```

なお，標準入出力を介して巨大なデータをやり取りすることは，決して実行効率やメモリ効率がよい手段とはいえない。大きなデータの受け渡しが発生する場合は，共有メモリあるいはデータベースやファイルなどを介してデータをやり取りするか，ストリームとしてスナップショットを持たずにデータの送受信を行う手法を検討すべきである。

さて，k-means の結果を地図上に表示してみよう。コードは**プログラム 6-6** の通りである。ジオタグをシンプルな `circleMarker` で描画している。なお，クラスタごとに色を変えたマーカーで表示しているが，この色は palette.js でクラスタ数分の色を生成している。

―――――――――――――― プログラム **6-6** (sobig-client.html) ――――――――――――――

```
213   case 'map-clustered':
214       let c = {};
215       rMap = L.map('map_' + ID).setView([51.505, -0.09], 13);
216       rLayer = new L.StamenTileLayer("toner").addTo(rMap);
217       async.eachOf(envelope.result, (cluster, idx, callback) => {
218           if (!c[idx]) {
219               c[idx] = Object.keys(c).length;
220           }
221           L.geoJSON(cluster, {
222               pointToLayer: (geoJsonPoint, latlng) => {
223                   //console.log(geoJsonPoint.properties.cluster,
                            c[geoJsonPoint.properties.cluster],
```

```
                        colors[c[geoJsonPoint.properties.cluster]]);
224                     return L.circleMarker(latlng, {
225                         radius: 5,
226                         weight: 1,
227                         color: '#' + colors[c[geoJsonPoint.properties.cluster]],
228                         fillColor: '#' + colors[c[geoJsonPoint.properties.cluster]],
229                         fillOpacity: .5
230
231                     });
232                 }
233             }).addTo(rMap);
234             callback(null);
235         }, (err) => {
236             rMap.fitBounds([
237                 [envelope.q.bbox[1], envelope.q.bbox[0]],
238                 [envelope.q.bbox[3], envelope.q.bbox[2]]
239             ]);
240         });
241         break;
```

k-means ($k=4$) の結果を図 6.2 に示す．k-means はランダムベースのアルゴリズムのため，毎回同じ結果になることは保証されていないが，アナハイムのディズニーリゾート内にある，ディズニーランドとその南側にあるカリフォルニアアドベンチャーの写真群は別のクラスタに分かれたのではないだろうか．k-means は非常に単純なアルゴリズムであるが，このようにデータの塊をクラスタとして抽出することができる．

図 6.2　k-means のクラスタリング結果

## 6.4 DBSCAN

　DBSCAN も地理情報のクラスタリングに用いられるアルゴリズムの一つである。k-means は結果に現れるクラスタ数 $k$ をパラメータとして渡すが，DBSCAN はクラスタ数を指定できない。パラメータは $eps$ と $minPts$ で，データ中の点から半径 $eps$ 以内に $minPts$ 個の点があれば，それらは同じクラスタであるとするアルゴリズムである。DBSCAN の特徴は，ノイズをノイズとして分類することができる点で，ソーシャルデータのような多くのノイズが内包されるデータとの親和性が高い。

　JavaScript (11_dbscanGeo.js)，Python (11_dbscanGeo.py) はともに，k-menas と同じライブラリを使っているため，コードの変更はほとんどなく，DBSCAN に対応できる。クラスタリング結果を図 6.3 に示す。オプション欄で $eps$ と $minPts$ を変更することができるので，それらのパラメータが結果に与える影響を観察してみよう。

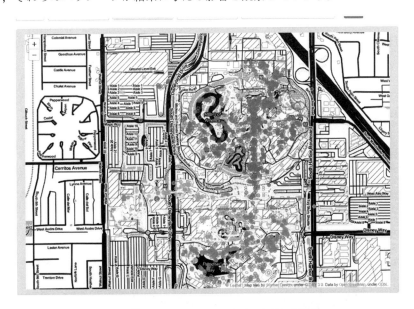

図 6.3　DBSCAN のクラスタリング結果

## 6.5　機　械　学　習

　さて，Python から利用できる scikit-learn はさまざまな機械学習アルゴリズムを試すことができる。ここでは，Flickr の写真データに対して，SVM，k 近傍法，決定木学習の三つのアルゴリズムを適用して，分類精度で評価してみよう。その三つの機械学習アルゴリズムは，

教師あり学習と呼ばれる手法である．つまり正解が判明しているデータを使ってトレーニングする必要がある．

ここでは，EXIF メタデータに含まれるカメラのメーカ名を正解ラベルとして利用し，露光時間や F 値，ISO 感度やレンズの焦点距離などから，カメラメーカを予測する分類器を作る．撮影時，多くのユーザは，露光時間や F 値，ISO 感度はカメラが自動で決定するモードを利用している．これはあくまで，手法を例示するための例にすぎないが，それらの数値の決定はカメラメーカの独自のアルゴリズムで決定されるため，メーカごとの癖があるといわれている．もしそうであるならば，機械学習によりそれを見つけて，撮影状況からカメラメーカを推定できるのではないだろうか．では Flickr データセットに対して，アルゴリズム 12_MachineLearning.py を適用してみよう．ディズニーランド周辺の BBOX を指定し，検索ワードとオプションは空欄で実行してみよう．

このプログラムは，Flickr の写真データから，十分な数がある Apple，Canon，Nikon の 3 社のカメラで撮られた写真のみを抽出し，前述した三つのアルゴリズムを使い，5 分割して交差検定を行い，各回の適合率，再現率を表示する．コードは 12_MachineLearning.py である．結果を図 6.4 に示す．すべてのアルゴリズムにおいて 0.8〜0.9 という高い精度でメーカ名が推定できることがわかった．

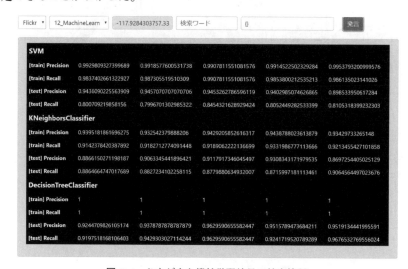

図 6.4　さまざまな機械学習結果の精度検証

本書は Web 3 層アーキテクチャのすべてを JavaScript 技術で実現するフルスタック JavaScript と呼ばれる手法に基づいて解説してきたが，機械学習など高度なデータ処理技術に関しては Python を利用することで，高度なライブラリを簡単に利用することができる．ここでは三つの機械学習アルゴリズムを適用しているが，入出力データ型はアルゴリズムに関わらず同じであり，さまざまなアルゴリズムを試してみることができる．

## 6.6 TF-IDF

本章では，これまでデータに含まれる地理情報，および数値情報に基づいたクラスタリング，機械学習について学んできた。最後に自然言語による文章を使ったデータ処理を TF-IDF を例に説明する。TF-IDF は文章群の中からある文書を特徴付ける語に高い重みを与える手法である。5 章でワードクラウドを描画するために，ツイートの語の出現頻度をカウントするプログラムを示した。重要な語は繰り返し現れるという前提に基づいた手法であるが，実際の文章に適用すると，冠詞や be 動詞などの文章の重要さとは関わりのない語がランキングの上位にきてしまうことが問題となる。TF-IDF は単語出現頻度（TF）に逆文書出現頻度（IDF）を掛け合わせることにより，その文書で頻出するが，文書全体の中では普遍的ではない語を発見することができる。

では，Twitter のデータセットに対して，アルゴリズム 13_tfidf.py を適用してみよう。BBOX，検索ワード，オプションは空欄で実行する。このプログラムは一つのツイートを一つのドキュメントとして TF-IDF を計算する。一般的にツイートは一つの短い文からできており，同じ単語が複数回出ることはめずらしい。そのため単語出現頻度の値が多くの単語で 1 になり，逆文書出現頻度のみで順位が決定してしまう。ここでは説明のために 1 ツイートを 1 文書として扱うが，実際のケースでは，ユーザごとの一連のツイートを 1 文書とするなど TF の値がばらけるようにデータセットを構成することが望ましい。

プログラムは 12_tfidf.py である。結果はヒートマップとして可視化する。地図上にヒートマップを描く手法は前述したが，ヒートマップは地図のみで利用する可視化手法ではない。TF-IDF のように，文書と単語という二つの因子を有するマトリックスの可視化にも適している。結果のヒートマップを図 6.5 に示す。

ヒートマップは，全体の一部を表示している。表示レベルはオプションで指定することが

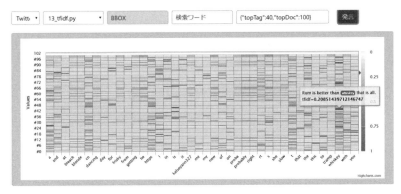

図 6.5 TF-IDF 結果のヒートマップによる可視化

できる．マウスをヒートマップの上に重ねると，カーソルが指し示す場所の TF-IDF スコアとツイート，そしてそのスコアの単語が表示される．これは Flickr に対してもできるので，両方のデータセットで試してほしい．

## 6.7 おわりに

さて，ここまで実装を進めれば，ソーシャルビッグデータを分析するための技術が，一通り身に着いたといえる．紙面は限られていたが，ソーシャルビッグデータのクローリング，データベースアクセス，機械学習，そして WebSocket によるサーバ–クライアント間の通信，Web ブラウザ上での可視化やデザインなど，すべての要素技術に触れることができた．また，第 I 部では，ソーシャルビッグデータの性質や分析に対する仮説の立て方，そして分析に用いるさまざまなデータマイニング技術を学んだ．

　本書を開く前は，ビッグデータ処理と聞くと，なにやら巨大なクラウドシステムとコンピューティングパワーを使って複雑なことをするイメージがあったかもしれない．だからこそ，そのイメージを打ち壊すために，第 II 部では，一般的な Windows10 の PC 上で，気軽に試せるような環境を前提として説明を行ってきた．実際に本書で例示したプログラムの実装と検証は，著者が普段使っている Windows10 のラップトップ PC 上で行っている．読者諸氏が，本書によって，ソーシャルデータを用いたビッグデータ処理をスモールスタートするための方法論が得られたのならば，本書の目的は達成されたといえる．

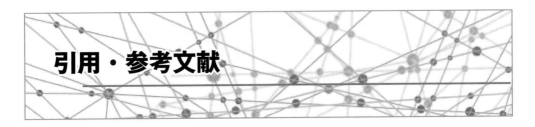

# 引用・参考文献

1 ) 石川博：ソーシャル・ビッグデータサイエンス入門，コロナ社（2014）
2 ) [IEEE：Towards a Definition of Internet of Things（IoT）] https://iot.ieee.org/images/files/pdf/IEEE_IoT_Towards_Definition_Internet_of_Things_Revision1_27MAY15.pdf （2018 年 7 月現在）
3 ) [山本幸生：DARTS 月惑星科学のはじまり，日本の月惑星探査と科学データアーカイブ，第 3 回] http://www.isas.jaxa.jp/docs/PLAINnews/190_contents/190_2.html（2018 年 7 月現在）
4 ) [伊藤寛：自動車関連のデータ収集を巡る標準化動向，JRJ20161103 解説] http://www.jari.or.jp/Default.aspx?TabId=268&pdid=6902（2018 年 7 月現在）
5 ) [JAXA：DARTS] https://www.darts.isas.jaxa.jp/planet/project/hayabusa/index.html.ja （2018 年 7 月現在）
6 ) [総務省：オープンデータとは] http://www.soumu.go.jp/menu_seisaku/ictseisaku/ictriyou/opendata/（2018 年 7 月現在）
7 ) [W3C：Linked Data] https://www.w3.org/wiki/LinkedData（2018 年 7 月現在）
8 ) Hiroshi Ishikawa, Masaki Endo, Iori Sugiyama, Masaharu Hirota, and Shohei Yokoyama：Is It Possible for the First Three-Month Time-Series Data of Views and Downloads to Predict the First Year Highly-Cited Academic Papers in Open Access Journals?, International Journal of Informatics Society（IJIS），**8**, 2, pp. 59–66（2016）
9 ) [国土交通省気象庁：生物季節観測の情報] http://www.data.jma.go.jp/sakura/data/index.html（2018 年 7 月現在）
10 ) [W3C：SPARQL Query Language for RDF] https://www.w3.org/TR/rdf-sparql-query/ （2018 年 7 月現在）
11 ) [OpenStreetMap] https://www.openstreetmap.org/（2018 年 7 月現在）
12 ) [OpenStreetMap] https://en.wikipedia.org/wiki/OpenStreetMap（2018 年 7 月現在）
13 ) [Wikipedia] https://www.wikipedia.org/（2018 年 7 月現在）
14 ) [ODbL] https://opendatacommons.org/licenses/odbl/1-0/（2018 年 7 月現在）
15 ) [DBpedia] http://wiki.dbpedia.org/（2018 年 7 月現在）
16 ) [DBpedia] https://en.wikipedia.org/wiki/DBpedia（2018 年 7 月現在）
17 ) [Tim Barners-Lee] https://en.wikipedia.org/wiki/Tim_Berners-Lee（2018 年 7 月現在）
18 ) [アメーバブログ] https://ameblo.jp/（2018 年 7 月現在）
19 ) [Twitter] https://twitter.com/（2018 年 7 月現在）
20 ) [新浪微博（weibo）] http://jp.weibo.com/（2018 年 7 月現在）
21 ) [Facebook] https://www.facebook.com/（2018 年 7 月現在）
22 ) [YouTube] https://www.youtube.com/（2018 年 7 月現在）

23）［ニコニコ動画］http://www.nicovideo.jp/video_top（2018 年 7 月現在）
24）［Flickr］https://www.flickr.com/（2018 年 7 月現在）
25）［Instagram］https://www.instagram.com/（2018 年 7 月現在）
26）［Spotify］https://www.spotify.com（2018 年 7 月現在）
27）［Deezer］https://www.deezer.com/（2018 年 7 月現在）
28）［Delicious］https://del.icio.us/（2018 年 7 月現在）
29）［はてな］http://www.hatena.ne.jp/（2018 年 7 月現在）
30）［WhatsApp］https://www.whatsapp.com/（2018 年 7 月現在）
31）［LINE］https://line.me/（2018 年 7 月現在）
32）［微信（WeChat）］https://www.wechat.com/（2018 年 7 月現在）
33）［Skype］https://www.skype.com/（2018 年 7 月現在）
34）［RingCentral］https://www.ringcentral.com/（2018 年 7 月現在）
35）［ChaCha（search_engine）］https://en.wikipedia.org/wiki/ChaCha（2018 年 7 月現在）
36）［Mahalo］https://en.wikipedia.org/wiki/Mahalo.com（2018 年 7 月現在）
37）［Slashdot］https://slashdot.org/（2018 年 7 月現在）
38）［Digg］http://digg.com/（2018 年 7 月現在）
39）［yelp］https://www.yelp.com/（2018 年 7 月現在）
40）［食べログ］https://tabelog.com/（2018 年 7 月現在）
41）［トリップアドバイザー］https://www.tripadvisor.com/（2018 年 7 月現在）
42）［FarmVille］https://www.zynga.com/games/farmville（2018 年 7 月現在）
43）［MINECRAFT］https://minecraft.net/（2018 年 7 月現在）
44）［Mechanical Turk］https://aws.amazon.com/jp/mturk/（2018 年 7 月現在）
45）［microWorkers］https://ttv.microworkers.com/index/template（2018 年 7 月現在）
46）［G suite］https://gsuite.google.com/（2018 年 7 月現在）
47）［Office］https://www.office.com/（2018 年 7 月現在）
48）［Twitter］https://en.wikipedia.org/wiki/Twitter（2018 年 7 月現在）
49）［Flickr］https://en.wikipedia.org/wiki/Flickr（2018 年 7 月現在）
50）［Google Cloud Vision API］https://cloud.google.com/vision/?hl=ja（2018 年 7 月現在）
51）Ekaterina Olshannikova, Thomas Olsson, Jukka Huhtamäki, and Hannu Kärkkäinen：Conceptualizing big social data, Journal of Big Data, **4**, 1, pp. 1–19（2017）
https://doi.org/10.1186/s40537-017-0063-x（2018 年 7 月現在）
52）［魯迅 著，井上紅梅 訳：故郷，青空文庫］http://www.aozora.gr.jp/cards/001124/files/42939_15330.html（2018 年 7 月現在）
53）［データ流通環境整備検討会：AI, IoT 時代におけるデータ活用ワーキンググループ中間とりまとめ］https://www.kantei.go.jp/jp/singi/it2/senmon_bunka/data_ryutsuseibi/dai2/siryou2.pdf（2018 年 7 月現在）
54）石川博：データベース，情報工学レクチャーシリーズ，森北出版（2008）
55）［MEDES Welcome to the Website of the International Conference on ManagEment of Digital EcoSystems（MEDES）］http://medes.sigappfr.org/（2018 年 7 月現在）
56）Roger. D. Peng：Reproducible Research in Computational Science, Science, **334**, 2（2011）
57）Douglas D. Smith, Maurice Eggen, and Richard St. Andre：A Transition to Advanced

Mathematics（2014）

58）［総務省統計局：地域メッシュ統計の特質・沿革］http://www.stat.go.jp/data/mesh/pdf/gaiyo1.pdf（2018 年 7 月現在）

59）［明日の日本を支える観光ビジョン構想会議］https://www.kantei.go.jp/jp/singi/kanko_vision/pdf/honbun.pdf（2018 年 7 月現在）

60）豊島美穂，加藤大受，遠藤雅樹，荘司慶行，廣田雅春，石川博：マイクロブログの極性の差に着目した期待を裏切るスポットの発見，第 9 回データ工学と情報マネジメントに関するフォーラム（DEIM）（2017）

61）Hiroya Takamura, Takashi Inui, and Manabu Okumura：Extracting Semantic Orientations of Words Using Spin Model, Proceedings of the 43rd Annual Meeting of the Association for Computational Linguistics（ACL2005）, pp. 133–140（2005）

62）［ソーシャルビッグデータ研究センター］http://www.tmu-beyond.tokyo/social-big-data/（2018 年 7 月現在）

63）Takahito Tsuchida, Daiju Kato, Masaki Endo, Masaharu Hirota, Tetsuya Araki, and Hiroshi Ishikawa：Analyzing Relationship of Words Using Biased LexRank from Geo-tagged Tweets, Proceedings of ACM International Conference on Management of Digital EcoSystem（MEDES）（2017）

64）筒井義郎，佐々木俊一郎，山根承子，グレッグ・マルデワ：行動経済学入門，東洋経済新報社（2017）

65）Kai Lei and Yi Fan Zeng：A Novel Biased Diversity Ranking Model for Query-Oriented Multi-Document Summarization, Applied Mechanics and Materials, **380–384**, pp. 2811–2816（2013）
http://citeseerx.ist.psu.edu/viewdoc/download?doi=10.1.1.835.1759&rep=rep1&type=pdf（2018 年 7 月現在）

66）公益財団法人日本交通公社：観光文化，デスティネーション・マネジメントの潮流，**234**（2017）
https://www.jtb.or.jp/wp-content/uploads/2017/07/bunka234.pdf（2018 年 7 月現在）

67）土田崇仁，遠藤雅樹，加藤大受，江原遥，廣田雅春，横山昌平，石川博：Word2Vec を用いた地域やランドマークの意味演算，第 8 回データ工学と情報マネジメントに関するフォーラム（DEIM）（2016）

68）［Tomas Mikolov, Kai Chen, Greg Corrado, and Jeffrey Dean：Efficient Estimation of Word Representations in Vector Space］https://arxiv.org/abs/1301.3781（2018 年 7 月現在）

69）Masaki Endo, Yoshiyuki Shoji, Masaharu Hirota, Shigeyoshi Ohno, and Hiroshi Ishikawa：Best-time Estimation for Regions and Tourist Spots Using Phenological Observations with Geotagged Tweets, International Journal of Informatics Society（IJIS）, **9**, 3, pp. 109–117（2017）

70）Margaret A. Oliver and Richard Webster：Kriging: A Method of Interpolation for Geographical Information Systems, International Journal of Geographic Information Systems, **4**, pp. 313–332（1990）

71）Keisuke Mitomi, Masaki Endo, Masaharu Hirota, Shohei Yokoyama, Yoshiyuki Shoji, and Hiroshi Ishikawa：How to Find Accessible Free Wi-Fi at Tourist Spots in Japan,

Social Informatics, SocInfo 2016, Lecture Notes in Computer Science, **10046**, Springer（2016）
https://doi.org/10.1007/978-3-319-47880-7_24（2018 年 7 月現在）

72）佐伯圭介，遠藤雅樹，廣田雅春，倉田陽平，横山昌平，石川博：外国人 Twitter ユーザの観光訪問先の属性別分析，第 7 回データ工学と情報マネジメントに関するフォーラム（DEIM）（2015）

73）Masaki Kanno, Yo Ehara, Masaharu Hirota, Shohei Yokoyama, and Hiroshi Ishikawa：Visualizing High-Risk Paths Using Geo-Tagged Social Data for Disaster Mitigation, Proceedings of the 9th ACM SIGSPATIAL Workshop on Location-Based Social Networks（2016）

74）[pgRouting] http://pgrouting.org/（2018 年 7 月現在）

75）[国土交通省：国土数値情報ダウンロードサービス避難施設データ] http://nlftp.mlit.go.jp/ksj/gml/datalist/KsjTmplt-P20.html（2018 年 7 月現在）

76）[東京都都市整備局：災害時活動困難度] http://www.toshiseibi.metro.tokyo.jp/bosai/chousa_6/download/kikendo_06.pdf?1802（2018 年 7 月現在）

77）[新宿駅周辺防災対策協議会：新宿ルール] https://www.city.shinjuku.lg.jp/content/000161052.pdf（2018 年 7 月現在）

78）原聡志，山本幸生，荒木徹也，廣田雅春，石川博：かぐや DEM を用いた，機械学習による中央丘クレーター識別，平成 29 年度宇宙科学情報解析シンポジウム（2018）

79）加藤広大，山田竜平，山本幸生，廣田雅春，横山昌平，石川博：惑星の位置関係に基づく深発月震分類のための特徴量の検討, Journal of Space Science Informatics Japan, **7**, pp. 43–52（2018）

80）[JAXA：かぐや（SELENE）データアーカイブ]http://darts.isas.jaxa.jp/planet/pdap/selene/index.html.ja（2018 年 7 月現在）

81）[OECD：Evidence in Education: Linking Research and Policy] http://www.oecd.org/education/ceri/38797034.pdf（2018 年 7 月現在）

82）Xue-Wen Chen and Xiaotong Lin：Big Data Deep Learning: Challenges and Perspectives, IEEE Access, **2**, pp. 514–525（2014）

83）Yann LeCun, Yoshua Bengio, and Geoffrey Hinton：Deep learning, Nature, **521**, pp. 436–444（2015）

84）[Yaniv Leven：How to Become a Data Engineer, Big Data Zone] https://dzone.com/articles/how-to-become-a-data-engineer（2018 年 7 月現在）

85）[Jules Verne] https://en.wikipedia.org/wiki/Jules_Verne（2018 年 7 月現在）

86）[Arthur C. Clarke] https://en.wikipedia.org/wiki/Arthur_C._Clarke（2018 年 7 月現在）

87）[Arthur C. Clarke：Extra-Terrestrial Relays – Can Rocket Stations Give Worldwide Radio Coverage?, Wireless World] https://web.archive.org/web/20090318000548/http://www.clarkefoundation.org/docs/ClarkeWirelessWorldArticle.pdf（2018 年 7 月現在）

88）[Isaac Asimov] https://en.wikipedia.org/wiki/Isaac_Asimov（2018 年 7 月現在）

89）D. Zeng：Crystal Balls, Statistics, Big Data, and Psychohistory: Predictive Analytics and Beyond, IEEE Intelligent Systems, **30**, 2, pp. 2–4（2015）

90）[Akos Szakaly：7 Data Science principles introduced by Asimov in the Foundation] http://easymarketingmath.com/2017/01/7-data-science-principles-asimov/（2018 年 7 月

現在）

91) ［Apache Spark］https://spark.apache.org/（2018 年 7 月現在）
92) Nathan Marz and James Warren : Big Data: Principles and best practices of scalable realtime data systems, Manning Publications（2013）
93) ［IEEE Spectrum］https://spectrum.ieee.org/（2018 年 7 月現在）
94) ［GitHub］https://github.com/（2018 年 7 月現在）
95) ［GitHub : The State of the Octoverse 2017］https://octoverse.github.com/（2018 年 7 月現在）
96) ［Jean Francois Puget : The Most Popular Language For Machine Learning Is . . . , IBM DeveloperWorks］ https://www.ibm.com/developerworks/community/blogs/jfp/entry/What_Language_Is_Best_For_Machine_Learning_And_Data_Science?lang=en（2018 年 7 月現在）
97) Usama Fayyad, Gregory Piatetsky-Shapiro, and Padhraic Smyth : From Data Mining to Knowledge Discovery in Databases, AAAI press（1996）
98) Jesus Mena : Data Mining Your Website, Digital Press（1999）
99) Sai Sumathi and S. N. Sivanandam : Introduction to data mining and its applications, Springer, **29**（2006）
100) 元田浩，津本周作，山口高平，沼尾正行：データマイニングの基礎，オーム社（2006）
101) William J. Frawley, Gregory Piatetsky-Shapiro, and Christopher J. Matheus : Knowledge discovery in databases: An overview, AI magazine, **13**, pp. 57（1992）
102) ［総務省：オープンデータ戦略の推進］http://www.soumu.go.jp/menu_seisaku/ictseisaku/ictriyou/opendata（2018 年 7 月現在）
103) ［衛星測位サービス：みちびきについて］http://qzss.go.jp/overview/services/sv04_pnt.html（2018 年 7 月現在）
104) Martin Ester, Hans-Peter Kriegel, Jörg Sander, and Xiaowei Xu : A Density-Based Algorithm for Discovering Clusters in Large Spatial Databases with Noise, Proceedings of 2nd International Conference on Knowledge Discovery and Data Mining（1996）
105) Jon Louis Bentley : Multidimensional binary search trees used for associative searching, Communications of the ACM, **18**, 9, pp. 509–517（1975）
106) Piotr Indyk and Rajeev Motwani : Approximate nearest neighbor: Towards removing the curse of dimensionality, Proceedings of the thirtieth annual ACM symposium on Theory of computing, pp. 604–613（1998）
107) Corinna Cortes and Vladimir Vapnik : Support-vector networks, Machine Learning, **20**, 3, pp. 273–297（1995）.
108) Leo Breiman : Bagging predictors, Machine Learning, **24**, 2, pp. 123–140（1996）
109) Leo Breiman : Random Forests, Machine Learning, **45**, 1, pp. 5–32（2001）
110) Leo Breiman : BIAS, VARIANCE, AND ARCING CLASSIFIERS, Technical Report 460, Statistics Department, University of California（1996）
111) Yoav Freund and Robert E. Schapire : A Decision-Theoretic Generalization of on-Line Learning and an Application to Boosting, Journal of Computer and System Sciences, **55**, pp. 119–139（1995）

112) Jerome H. Friedman：Greedy function approximation: A gradient boosting machine, The Annals of Statistics, **29**, 5, pp. 1189–1232（2001）
113) Rakesh Agrawal and Ramakrishnan Srikant：Fast algorithms for mining association rules, Proceedings of the 20th International Conference on Very Large Data Bases, pp. 487–499（1994）
114) Jiawei Han, Jian Pei, and Yiwen Yin：Mining frequent patterns without candidate generation, Proceedings of the 2000 ACM SIGMOD international conference on Management of data, ACM（2000）

# 索　引

## 【あ】
あいまいさ　　　　　　　　1, 15
アプリオリ　　　　　　　　95
アンサンブル学習　　　　　90

## 【い】
イシカワ・コンセプト　　　13
異常値　　　　　　　　　　58
　──の発見　　　　　　　58
位置情報　　　　　　　　　59
印象評価　　　　　　　　　20
インスタントメッセージング
　サービス　　　　　　　　6

## 【う】
後向き法　　　　　　　　　64

## 【え】
枝刈り　　　　　　　　　　85

## 【お】
オッカムの剃刀　　　　　　84
オープンデータ
　　　　　3, 25, 27, 34, 36, 55

## 【か】
回帰直線　　　　　　　　　165
階層的凝集法　　　　　　　71
階層的クラスタリング　　　71
階層的データ構造　　　　　18
外的分離　　　　　　　　　69
科学応用　　　　　　　　　36
過学習　　　　　　　　　　85
学習器　　　　　　　　　　65
確信度　　　　　　　　　　94
かぐや　　　　　　　　　　36
過剰適合　　　　　　　　　85
仮説の多様性　　　　　　　17
カテゴリデータ　　　　　　57
カーネルトリック　　　　　88
カラーパレット　　　　　　154

観光応用　　　　20, 22, 25, 27, 31

## 【き】
機械学習　　　　　　　　　50
強学習器　　　　　　　　　90
教師あり学習　　　　　　　65
教師なし学習　　　　　　　66, 69
共有サービス　　　　　　　6
距　離　　　　　　　　　　66

## 【く】
クラウドソーシング　　　　7
クラス　　　　　　　　　　65
クラスタリング　　　　　　22, 69
グラフモデル　　　　　　　22, 34
クリギング　　　　　　　　29
群平均法　　　　　　　　　75

## 【け】
欠損値　　　　　　　　　　60
決定木　　　　　　　　　　83
決定木学習　　　　　　　　171

## 【こ】
コア点　　　　　　　　　　79
交差検定　　　　　　　　　172
行動経済学　　　　　　　　23
コラボレーション　　　　　7

## 【さ】
最近傍法　　　　　　　　　81
再現性　　　　　　　　　　17
最短距離法　　　　　　　　73
最長距離法　　　　　　　　74
差　分　　　　　　　　　　33
サポートベクトル　　　　　87
散布図　　　　　　　　　　153

## 【し】
ジオソーシャルビッグ　　　13
ジオタグ　　　　59, 139, 161, 167
時系列分析　　　　　　　　27, 28

次元の呪い　　　　　　　　63
支持超平面　　　　　　　　87
支持度　　　　　　　　　　94
実世界データ　　　　　　　2, 36
弱学習器　　　　　　　　　90
情報銀行　　　　　　　　　15
シリアル分析　　　　　　　14
シンクロソロ分析　　　　　13
シンクロ分析　　　　　　　12

## 【す】
数値データ　　　　　　　　57
スケーラビリティ　　　　　43

## 【せ】
正規化　　　　　　　　　　62
生物季節観測　　　　　　　4, 27
線形判別分析　　　　　　　86
線形分離可能　　　　　　　86
線形分離超平面　　　　　　86

## 【そ】
相関ルール　　　　　　　　93
想像力　　　　　　　　　　41
族　　　　　　　　　　　　18
ソーシャルゲーミング　　　7
ソーシャルサーチ　　　　　7
ソーシャルデータ
　　　　　6, 20, 22, 25, 27, 31, 34
ソーシャルニュース　　　　7
ソーシャルビッグデータ　　11
ソーシャルビッグデータ
　研究センター　　　　　　21
ソフトクラスタリング　　　71
ソフトマージン SVM　　　88

## 【た】
タブル　　　　　　　　　　19
ダミー変数　　　　　　　　58
単位の変換　　　　　　　　56

## 【ち】

| | |
|---|---|
| チェイニング | 74 |
| チェビシェフ距離 | 68 |
| 中央丘クレーター | 36 |
| 超平面 | 86 |

## 【て】

| | |
|---|---|
| ディズニーランド | 149, 156, 170 |
| ディープラーニング | 36, 89 |
| デジタルエコシステム | 16 |
| データ | |
| ──の選択 | 51 |
| データウエアハウス | 45 |
| データエンジニア | 39 |
| データ管理 | 16 |
| データ形式の変換 | 53 |
| データサイエンティスト | 39, 41 |
| データフレーム | 19 |
| データベース | 49 |
| データマイニング | 17 |
| ──のプロセス | 51 |
| データモデル | 16 |
| デンドログラム | 71 |

## 【と】

| | |
|---|---|
| 統計解析 | 50 |
| 特徴選択 | 63 |
| 特徴抽出 | 64 |
| 特徴量 | 65 |
| トランザクション | 93 |
| トレーニングデータ | 50, 65 |

## 【な】

| | |
|---|---|
| 内的結合 | 69 |

## 【の】

| | |
|---|---|
| ノイズ | 58 |

## 【は】

| | |
|---|---|
| 排他的クラスタリング | 71 |
| バギング | 91 |
| 外れ値 | 58, 79 |
| ハードクラスタリング | 71 |
| パラレル分析 | 14 |
| 汎化能力 | 85 |

## 【ひ】

| | |
|---|---|
| ビッグデータ | 1 |
| ビデオコミュニケーション | 7 |
| ヒートマップ | 162 |
| 非排他的クラスタリング | 71 |
| 標準化 | 63 |

## 【ふ】

| | |
|---|---|
| フィルタ法 | 64 |
| ブースティング | 92 |
| ブートストラップサンプリング | 92 |
| フルスタック JavaScript | 100, 152, 164 |
| ブロギング | 6 |
| プログラミング言語 | 44 |
| 分割最適化クラスタリング | 77 |
| 分類 | 80 |
| 分類器 | 65 |

## 【ほ】

| | |
|---|---|
| 防災応用 | 34 |
| 補間 | 60 |

## 【ま】

| | |
|---|---|
| マイクロブロギング | 6 |
| 前処理 | 53 |
| 前向き法 | 64 |
| マハラノビス距離 | 68 |
| マルチクラス分類 | 66 |
| マルチラベル分類 | 66 |
| マンハッタン距離 | 67 |

## 【み】

| | |
|---|---|
| 密度到達可能点 | 79 |
| ミンコフスキー距離 | 67 |

## 【め】

| | |
|---|---|
| メタデータ | 59 |
| メッシュ | 18 |

## 【ゆ】

| | |
|---|---|
| ユークリッド距離 | 67 |
| ユニバーサルキー | 12 |

## 【ら】

| | |
|---|---|
| ラッパ法 | 64 |
| ラムダアーキテクチャ | 43 |
| ランダムフォレスト | 92 |

## 【る】

| | |
|---|---|
| 類似度 | 66 |

## 【れ】

| | |
|---|---|
| レビューサービス | 7 |

## 【わ】

| | |
|---|---|
| ワードクラウド | 158 |

---

## 【A】

| | |
|---|---|
| AdaBoost | 93 |

## 【B】

| | |
|---|---|
| biasedLexRank | 24 |

## 【C】

| | |
|---|---|
| C10K 問題 | 98 |
| CART | 85 |
| CASAP サイクル | 129 |
| CNN | 39, 89 |

## 【D】

| | |
|---|---|
| DBpedia | 5, 128, 137 |
| DBSCAN | 23, 79, 171 |

## 【E】

| | |
|---|---|
| EBPM | 37 |
| ETL | 44 |
| EXIF | 134 |

## 【F】

| | |
|---|---|
| Flickr | 10 |

## 【G】

| | |
|---|---|
| GeoJSON | 116, 141, 165, 167 |
| GIGO | 53 |
| GitHub | 44 |
| GPS | 59 |

## 【H】

| | |
|---|---|
| hot-deck imputation | 61 |

## 【I】

| | |
|---|---|
| ID3 | 85 |
| IoT | 2 |

## 【J】

JAXA　　　　　　　　　　4, 36

## 【K】

k 近傍法（KNN）　　　80, 171
k-means　　　　　　　　77, 167
kd-tree　　　　　　　　　　82
KDD　　　　　　　　　　　47

## 【L】

LAMP　　　　　　　　　　153
Lance-Williams の更新式　　76
linked open data（LOD）　128
LSH　　　　　　　　　　　82

## 【N】

Non-blocking　　　　　98, 121

## 【O】

NoSQL　　　　49, 99, 105, 116

OpenStreetMap　128, 145, 161
OSM　　　　　　　　　5, 34
Overpass API　　　　128, 146

## 【P】

POI　　　　　　　　　　　5

## 【R】

RDF　　　　　　　　　　3, 4

## 【S】

scikit-learn　　　　　　　168
SNS　　　　　　　　　　　6
SPARQL　　　　　　　　　4
SVM　　　　　　　　86, 171

## 【T】

TF-IDF　　　　　　　　　173
Twitter　　　　　　　　　　8

## 【W】

Ward 法　　　　　　　　　75
WebSocket　110, 111, 124, 155
Web 3 層アーキテクチャ
　　　　　97, 108, 116, 153, 164
Wikipedia　　　　　　128, 137
Windows Subsystem for
　Linux（WSL）　　　　101
Word2Vec　　　　　　25, 26

## 【数字】

2 値分類　　　　　　　　　66

―― 編著者・著者略歴 ――

**石川　博（いしかわ　ひろし）**
1979年　東京大学理学部情報科学科卒業
1979年　株式会社富士通研究所勤務
1992年　博士（理学）（東京大学）
2000年　東京都立大学教授
2006年　静岡大学教授
2013年　首都大学東京教授
　　　　現在に至る

**横山　昌平（よこやま　しょうへい）**
1996〜　株式会社オリエンタルランド勤務
2008年
2001年　東京都立大学工学部電子情報工学科卒業
2003年　東京都立大学大学院工学研究科修士課程修了（電気工学専攻）
2006年　東京都立大学大学院工学研究科博士課程修了（電気工学専攻）
　　　　博士（工学）
2006年　産業技術総合研究所特別研究員
2008年　静岡大学助教
2012年　静岡大学講師
2016年　静岡大学准教授
2016年　フランス Université de Pau et des Pays de l'Adour 客員研究員
2018年　首都大学東京准教授
　　　　現在に至る

**廣田　雅春（ひろた　まさはる）**
2010年　静岡大学情報学部情報科学科卒業
2011年　静岡大学大学院情報学研究科修了（情報学専攻）
2014年　静岡大学創造科学技術大学院自然科学系教育部修了（情報科学専攻）
　　　　博士（情報学）
2015年　大分工業高等専門学校助教
2017年　岡山理科大学講師
　　　　現在に至る

## フルスタック JavaScript と
## Python 機械学習ライブラリで実践するソーシャルビッグデータ
── 基本概念・技術から収集・分析・可視化まで ──
Social Big Data in Practice with Full Stack JavaScript
and Python Library for Machine Learning
ⓒ Hiroshi Ishikawa, Shohei Yokoyama, Masaharu Hirota 2019

2019 年 2 月 18 日　初版第 1 刷発行　　　　　　　　　　★

|検印省略|編著者|石川　　博|
|---|---|---|
||著　者|横山　昌平|
|||廣田　雅春|
||発行者|株式会社　コロナ社|
|||代表者　牛来真也|
||印刷所|三美印刷株式会社|
||製本所|有限会社　愛千製本所|

112-0011　東京都文京区千石 4-46-10
発行所　株式会社　コ ロ ナ 社
CORONA PUBLISHING CO., LTD.
Tokyo Japan
振替 00140-8-14844・電話(03)3941-3131(代)
ホームページ　http://www.coronasha.co.jp

ISBN 978-4-339-02889-8　C3055　Printed in Japan　　　（三上）

＜出版者著作権管理機構　委託出版物＞
本書の無断複製は著作権法上での例外を除き禁じられています。複製される場合は，そのつど事前に，出版者著作権管理機構（電話 03-5244-5088，FAX 03-5244-5089，e-mail: info@jcopy.or.jp）の許諾を得てください。

本書のコピー，スキャン，デジタル化等の無断複製・転載は著作権法上での例外を除き禁じられています。購入者以外の第三者による本書の電子データ化及び電子書籍化は，いかなる場合も認めていません。
落丁・乱丁はお取替えいたします。